Historia natural de uno mismo

COLECCIÓN EL CLAN, NÚMERO 12

Gabriel Bernal Granados

Historia natural de uno mismo

Libros del Umbral
Tlalpan, 2003

Primera edición, agosto de 2003

Este libro se empezó a escribir gracias a una beca del Fondo Nacional para la Cultura y las Artes (Jóvenes Creadores) en enero de 2001, y se terminó entre el 12 de febrero y el 12 de marzo de 2002 en el Bellagio Study and Conference Center, Villa Serbelloni, de la Fundación Rockefeller.

Avenida de la Vereda 12, altos 2, Villa Coapa
14390 Tlalpan, D. F.
librosdelumbral@prodigy.net.mx

Portada:
Lo P'ing (1733-1799), *Orquídeas y rocas.* Dinastía Ch'ing.
Colección Vannotti, Lugano.

ISBN 968-5115-37-0

Impreso y hecho en México
Printed and made in Mexico

Índice

a José Luis,
por partida doble

Amigo, cierra los ojos y mira lo que ves. Si me dices: "no veo nada", estás en un error. Puedes ver, pero desgraciadamente la tiniebla de tu naturaleza está tan próxima a ti que dificulta tu visión interior, hasta el punto de que no la disciernes. Si quieres discernirla y verla ante ti, manteniendo siempre los ojos cerrados, comienza por disminuir o por alejar algo de tu naturaleza. Pero la vía que conduce a este fin es el combate espiritual. Y la significación del combate espiritual es poner todo en acción para rechazar a los enemigos o matarlos. Los enemigos son la naturaleza, el alma inferior y el demonio.

El evangelio de Tomás

1. Lo natural

En primer lugar, no hay que exagerar. Los acontecimientos de las últimas semanas, vistos desde la perspectiva de un asustadizo pesimista, pueden parecer atroces, cuando para un saludable espíritu pragmático no serían sino necesarios. ¿Es imprescindible comenzar por el principio?

No siempre he sido flojo; más bien he sido inconstante. En mi cuerpo no habita sino en pequeñas dosis eso que han dado en llamar disciplina. No puedo levantarme a diario a las cinco de la mañana, o las ocho, para desbaratarme las legañas, encontrar el camino más directo a mis pantuflas, de las pantuflas y de la primera sensación de frío a la cocina, de la cocina a la cafetera, que por cierto nunca estará lista; luego, con la taza de café humeante en la mano, al escritorio, del escritorio a la computadora y de la computadora al eterno vacío del texto. El enfrentamiento es el mismo, no importa que éste se produzca contra un cuaderno o contra la pantalla de un ordenador. No es que hagan falta las palabras —por el contrario, las palabras sobran. Lo que hace falta es el proyecto mental que habrá de simular los trazos como si éstos ya hubiesen sido trazados. Varias veces he leído declaraciones de escritores, sobre todo novelistas, que se dicen fascinados —o alentados— por la sensación de estar pisando territorio virgen, en la ignorancia de lo que vendrá después. Los novelistas construyen y se aventuran por rutas desconocidas, dejando a su paso la certidumbre de un cuerpo orgánico. Van armando las piezas de un modelo siguiendo un plano que ellos mismos, supuestamente, están imaginando. Mi curiosidad se siente, por el contrario, aterrada ante la posibilidad de no saber lo que vendrá más adelante. Prefiero pensar que mi texto ya ha sido escrito, que ni siquiera tengo la necesidad de practicar una trascripción fiel, línea por línea, párrafo por párrafo, página por página. A la arquitectura del mundo, pues, no le cabría ningún reparo, podría decir junto a todos los hombres de corazón ocioso que "El mundo está bien hecho", y en consecuencia no tendría más que guardar la calma y cotejar, como si fuera ésta la primera vez que esas páginas (estas páginas) están frente a mis ojos. En suma, basta con abrir los ojos como si éste fuera el texto de Otro, un perfecto animal desconocido en el que pudieran caber todos los defectos o todas las virtudes, según sea mi estado de ánimo en ese momento. (Los ojos miran el texto —o lo refieren— de la cumbre al valle, lo cual constituye un privilegio o un motivo impune de solaz, tal y como reza el lugar común.)

Pero las cosas no son así. Nunca lo han sido ni lo serán jamás. Lo contrario es, antes bien, la regla. El mundo está mal hecho. O en el mejor de los casos, está por hacerse.

Para mí, el orden que viene con los rayos opacos del sol detrás de la cortina, al amanecer, arrastra consigo cierto caos. "Cierto" porque esa desazón general en la que vivo ha constituido, sin duda, un lugar habitable. Debido a una rara enfermedad —quizás una alergia— no puedo permanecer demasiado tiempo sentado frente a la computadora, o frente a un cuaderno. Escribo algunas frases, cuando mucho una o dos páginas, y constantemente me interrumpo; siento ganas de levantarme de la silla y pensar en otra cosa, apaciguar los nervios e incluso recostarme. Un atavismo muy extraño me ha hecho creer que en el sueño puedo encontrar claves que me ayuden a sobrellevar el mal de asiento. Esta técnica dilatoria no tiene otro propósito que el de volver a pensar lo escrito desde otra perspectiva; cómo corregirlo o cómo continuarlo; en suma, cómo se desenrolla la madeja. Pero cada caso es distinto. Por ejemplo el de un amigo, escritor en La Habana. No nos hemos visto las caras todavía pero nos hemos escrito, y en una de esas cartas que hemos cruzado gracias a los medios electrónicos de ahora le preguntaba sobre la fisonomía de su casa y, desde luego, sobre sus hábitos de trabajo. Él me decía, escuetamente, que en su cuarto había sólo una ventana y una mesa; sobre la mesa, una computadora y un ventilador al lado no para él, sino para enfriar los calores extremos que alcanzaba a desarrollar la máquina en esa latitud caribe. De cuando en cuando interrumpía el trabajo para abrir la puerta de un refrigerador gastado, sacar una jarra de agua, llenar un vaso y volver a su trabajo. Así escribió una novela que se publicará dentro de poco, y un ensayo memorable sobre José Martí, "El abrigo de aire".

Hay personas que saben por dónde andan. Me alegro. En una entrevista reciente, un escritor de poca monta hablaba de los principios de sus novelas. Para él es una idea la que se presenta en un momento dado, antes de expandirse lentamente y ordenarse gracias al cultivo de quien la poda como la miniatura de un árbol. En su caso los principios no son dolorosos y la *idea* contiene ya, en el germen, su desarrollo futuro. En un cuento de Salvador Elizondo, "Futuro imperfecto", se retrata la situación del escritor acosado por la falta de tiempo y la necesidad imperiosa de saltar la valla acechante del principio. Aunque esto no se dice en el texto, es lo que se infiere e incluso puede llegar a comprobarse, al final, cuando se colocan en igualdad de circunstancias los miembros de una posible ecuación matemática de solución retórica: memoria e imaginación, futuro y escritura, donde el futuro es, para colmo, *retrocesivo* y *preteritante*. En el primer párrafo se encuentra comprimida la clave del desarrollo posterior:

> La naturaleza retrocesiva y preteritante que la mera noción "el futuro" proyecta sobre lo *a priori*, como si la naturaleza del curso del mundo marchara en el sentido inverso al que siguen las manecillas del reloj, bastaría para concebir o formular las bases de una literatura que tiene el mismo carácter y alienta con el mismo principio que "la máquina del tiempo".

Supongamos, al margen de las comprobaciones y por el solo gusto de imaginar las situaciones en que los textos se producen, que Salvador Elizondo no tenía la menor idea de lo que iba a escribir antes de ponerse a redactar este párrafo, sobre todo si se piensa que sus líneas fueron el producto de un encargo. Así las cosas, no pudo haber más remedio que tomar el toro por los cuernos y ponerse a tallar la piedra de un duro principio, ensayando la pluma sobre el tema del futuro en relación con la escritura. El resultado es un texto plegado sobre sí mismo, cuyo tono es el de una pedantería calculada y espuria que un par de páginas más adelante devendrá una ficción. Ya metidos en el cuento, un personaje cómico, un hombre bajito "de facciones pajarescas, vestido de un negro nostálgico y raído...", Enoch Soames, uno de los investigadores literarios más importantes de la historia, le entrega al autor un ejemplar de la revista donde aparece ya impresa su colaboración sobre el futuro. Después de tomar el ejemplar que el profesor Soames le ha tendido hace unos instantes, el autor se pregunta, con una burla insinuada en el alargamiento de sus labios: "¿Qué pasaría ahora, después de este momento en que he entrado en posesión del número de *Diálogos* que saldría dentro de dos meses con un artículo mío dedicado al futuro, si ahora, en este momento, me niego a escribirlo...?" La respuesta de Soames es elegante y categórica: el autor raya en el absurdo por el sólo hecho de preguntar lo que pregunta, ya que el texto ha sido escrito anteriormente, en el futuro, y por lo tanto no tiene sentido tratar de escapar a ese flujo.

Es ineludible recaer en el tema del *grafógrafo*, el escritor que se mira escribiendo que escribe gracias a un espejo que parece abarcar el presente continuo de la escritura; una sucesión de párrafos donde todo principio está ligado a ese final previsto en la rueda de un tiempo sin orillas. No quería decirlo, pero yo tampoco puedo sustraerme de ese flujo del que formo ya parte. La serpiente que se engulle a sí misma es una de las posibles representaciones de esa visión crepuscular de los hechos. Crepuscular porque el sol se está poniendo en esta parte del mundo mientras está saliendo en el hemisferio opuesto. A decir verdad, en esta parte del mundo son casi las doce del día. Estamos a mediados del mes de enero y hace un sol espléndido. La temperatura debe andar entre los 15 y los 18 grados Celsius. Desde la ventana de mi cuarto el mundo parece estar detenido o instalado en un paréntesis, pero hay algo que indica lo contrario, que todos afuera van y vienen, como cualquier otro sábado. Los judíos practicantes dedican el *sabbath* al ayuno y a una serie continua de rezos, que supongo no deben terminar sino entrado el domingo. No recuerdo en este momento si van a la sinagoga, pero creo que sí. Tengo un amigo judío que no es un practicante ortodoxo. Los sábados suele dedicarlos a permanecer en su casa, en pantuflas, leyendo y escribiendo sobre asuntos profanos. Este amigo ha rebasado la franja de los sesenta años y se ha jubilado de un trabajo universitario en los Estados Unidos, donde empleó treinta años de su vida en ir a un colegio a impartir clases de lengua y literatura españolas. Es, sin embargo, un hombre sano y bien conservado, y quizá como consecuencia de ello ha desarrollado una marcada obsesión consigo mismo. Esto no obsta para que mi amigo sea muy disciplinado. Nada flojo, se levanta todas las mañanas al cuarto para las siete. Seguramente se toma un vaso de agua y después de haberse colocado el traje de baño y haber puesto unas toallas en una petaca, sus sandalias y su bata, abre la puerta de su departamento y se dirige al elevador. Desciende hasta la planta baja donde lo espera una alberca suficientemente grande como para contener las aspiraciones olímpicas de los que habitan ese edificio, en su mayoría puros viejitos jubilados que no hacen mayor ruido y permiten sobrellevar una vida contemplativa. Luego de dar unas diez vueltas a la alberca, mi amigo retorna a su departamento y se toma un jugo de zanahoria que le prepara su mujer, Guadalupe. Come una rebanada de pan con mantequilla, una taza de café, y se instala frente a su computadora. Allí corrige tres de sus tres mil poemas ya escritos y todos guardados en varias carpetas en el disco duro de la máquina. Abre el correo electrónico, responde a las cartas que han caído en su buzón y al término de estas dos tareas apaga el ordenador y se dispone a comer. Siempre toma uno o dos vasos de vino; come pescado, verduras y frutas —una filiación zen adquirida en la juventud lo convirtió desde entonces en un creyente en las disciplinas del cuerpo como mancuerna de las del espíritu. Después de comer y tomar una ligera siesta (diez o quince minutos cuando mucho), mi amigo se pone a leer hasta entrada la noche. Es un lector voraz, pero no de todo lo que cae en sus manos, como le ocurría a Cervantes, sino de las cosas que selecciona de acuerdo con memorias y apetitos incomprensibles a primera vista. En una carta reciente, me dijo estar inmiscuido en un ciclo ruso: Tolstoi, Turguenev, Herzen, nada de Dostoievski, quizá Platonov; Chejov seguro… Como es comprensible, a este amigo sumergido en el vicio de la lectura, en la corrección de sus poemas pasados y en la redacción de otros, presentes o futuros, le sucede con frecuencia ingresar en estados de ánimo que uno podría calificar de oscuros a falta de una palabra mejor, o de ensimismados si no se quiere rayar en los linderos de cierta patología psicológica. Pero ninguno de estos dos adjetivos nos dice lo correcto respecto de los silencios con que a veces me castiga cuando mis cartas lo acucian con la que yo quisiera una respuesta inmediata. (Edgar Allan Poe explica estas postergaciones en los términos de cierto "Imp of the Perverse". Según Poe, el "imp" representa una tendencia *natural* del espíritu o del comportamiento que nos lleva a postergar, en ocasiones indefinida y fatalmente, la realización de una serie de tareas que nos reportarían un bien incontestable y que esto podría asimilarse al goce primitivo de hacerse daño a uno mismo nada más "porque sí".

> Tenemos ante nosotros —escribe Poe— una tarea que debe ser cumplida velozmente. Sabemos que la demora será ruinosa. La crisis más importante de nuestra vida exige, a grandes voces, energía y acción inmediatas. Ardemos, nos consumimos de ansiedad por comenzar la tarea, y en la anticipación de su magnífico resultado nuestra alma se enardece. Debe, tiene que ser emprendida hoy y, sin embargo, la dejamos para mañana; y ¿por qué? No hay respuesta, salvo que sentimos esa actitud *perversa*, usando la palabra sin comprensión del principio.

Una manera gráfica de entender este "principio" es imaginando el momento en que se produce la fascinación ante los abismos. Poe representa con maestría las vacilaciones que podrían arrestarnos cuando estamos en la orilla de un precipicio. Estamos solos, parados en la roca, sintiendo las ráfagas del viento agitar la ropa que llevamos puesta: fascinación y horror, sensaciones que van de la mano pues la fascinación nace del horror diluido que genera la imaginación morosa de lo que iríamos sintiendo mientras nos precipitamos en el abismo [Beckett, imaginando la agonía de Malone]. El goce, o el instinto natural de hacer lo que no se debe, es lo que nos conduce a la destrucción. Mas Poe no se refiere a otro tipo de destrucción que a la de ser escritor y estar la mayor parte del tiempo sentado ante el precipicio de la página en blanco, contemplando el abismo de los espacios vacíos. No hacer nada, no llevar a cabo la obra que se ha proyectado hace días, es la perversión que subyace en las páginas de su ensayo sobre el Demonio de la Perversidad —como lo tradujo Julio Cortázar—, un ensayo que, por lo demás, deviene una narración que tiene como eje irrecusable el yo.)

En otra carta que recibí hace poco, aquel amigo me decía, tratando de reproducir *grosso modo* los caracteres de una epifanía personal:

> Y hay todavía un agradecimiento mayor que siento por estos días, es algo inexplicable pero consiste en el agradecimiento de saber que he de morir. Y pese al miedo, pese al natural regusto que siento por la vida y pese a tener que

> ausentarme de los libros, agradezco de un modo oscuro, para mí incomprensible, tener que morir. No porque la muerte trae el reposo ni porque es el fin de las calamidades: no, qué tontería. Más bien porque la muerte es la verdadera naturaleza y desde hace poco descubro que tengo una naturaleza y que ella, desconocida para mí del todo, en un sentido ulterior, que quizás es puramente superficial, es lo real. Y estar enajenado de esa naturaleza, sea viva o sea muerta, es perderse, o mejor, no entender el concepto de salvación.

Estas palabras son, en efecto, la condensación de un enigma que no he podido descifrar. En mi respuesta, recordé *La vida es sueño*, argumentando que la palabra "naturaleza" equivalía en este caso a "sueño" tal y como lo entendieron los románticos siglos después. También inmiscuí el argumento poético de "Muerte sin fin", donde la muerte se propone como un estado del ser interrumpido apenas por la vida. Mis escolios previsiblemente fueron en vano. A los pocos días recibí otra carta suya donde me responde con un tono magisterial e irónico "Sí y no", apenas descalificando, sin atreverse a decirlo, la exégesis que le había adelantado. Finalmente citó a Wittgenstein, quien recomendaba callar ante lo que no puede pensarse (¿lo que no puede pensarse no tiene sentido y su mera enunciación es por lo tanto un epígrafe a la estupidez?). Ya recuperado de este par de ganchos al hígado, y habiendo aceptado las palmaditas en la espalda con que el maestro suele decirle al discípulo "No te preocupes, ya lo entenderás", me pareció imposible no detenerme a considerar el uso de la palabra naturaleza en aquel párrafo suyo.

Naturaleza, como entidad no distinta de, sino compatible con la muerte, significa forma de ser. O mejor dicho: una forma de estar. Quien desea estar en paz consigo mismo para después estar en paz con los demás y con las cosas y el entorno, primero debe darse cuenta del nombre que lo habita, y en una segunda instancia debe aprender a pronunciar cada una de las sílabas que componen esa partícula cósmica. "Heme aquí", se dice el individuo que se mira a sí mismo habiendo como fondo una escenografía wagneriana (las montañas escarpadas e inalcanzables de *El anillo*, por ejemplo), "y éste es el nombre que me nombra". De lo anterior se desprende que la naturaleza del ser uno mismo es precisamente eso, un estado interior, inabarcable, una caverna que conviene inspeccionar mirando de afuera hacia adentro. Porque en el nombre y en la pronunciación de sus sílabas, en la comprensión de ese hábitat del cuerpo en relación con la mente que lo hace creíble, percibiéndolo, se encuentra escondida una visión del universo entero. La epifanía del nombre y la reducción del universo a una fórmula tan diminuta y asequible como lo era, en el cuento de Borges, el Aleph escondido en un punto equis del sótano de Carlos Argentino Daneri, es como ubicar de pronto la relación que existe entre una tonelada y un miligramo de arroz. La solución es simple, si se plantea en estos términos, ajenos del todo a una fenomenología esquemática del espíritu, a una metafísica que guarda, como lo vio claramente Wittgenstein, una relación estrecha con la magia.[1]

En una cosa similar estaba pensando Santayana cuando escribió, en su *Breve historia de mis opiniones*, sobre la existencia de una posibilidad de sugerencias, o sentidos, en los cuerpos vivos. "Esta fertilidad espiritual en los cuerpos vivos —dice— es la más natural de todas las cosas. Es incomprensible de la misma manera que son incomprensibles la existencia toda, el cambio o la génesis. Pero podría ser mejor comprendida, esto es, mejor asimilada, a los otros milagros naturales, si pudiéramos comprender mejor la vida de la materia dondequiera y la de sus diferentes agregaciones." En la glosa de Santayana y en la carta de mi corresponsal electrónico se advierte un sentimiento religioso incontestable a través del cual se filtra el lastre de todas las cosas —como si las cosas fueran inquilinos adversos que llegaran a instalarse en la propia casa con un exceso de equipaje que nos obligara incluso a tirar algunas de nuestras posesiones por la ventana, siendo *ventana* sinónimo de *sinsentido*. Sus aseveraciones son por lo tanto irrebatibles. Pero ¿quién podría afirmar que la concepción natural (o esencialmente milagrosa) de la materia en Santayana tiene un parecido secreto con las aspiraciones de mi amigo, quien ha soñado con la existencia de un estado que le es indiferente tanto a la vida como a la muerte? Yo, por supuesto, no soy el indicado. En mi descargo podría

[1] Véase el prólogo de Rush Rhees a los *Comentarios sobre La rama dorada* (México, UNAM, 1997).

alegar la posibilidad retórica de que Santayana estuviera pensando lo mismo que yo pienso que él estaba pensando en este preciso momento, y puede ser que mi amigo estuviera sintiendo lo que yo supongo ahora que estaba sintiendo cuando escribió su carta. Pero esto ni él ni yo lo sabremos jamás.

Santayana, por su parte, se salva de su propia jerga filosofante gracias a la fe que tenía en el poder redentor de las palabras, una "fe animal", como él mismo lo dice en otra parte, en la poesía. "Así —prosigue Santayana en la glosa de sus opiniones—, todo el ajuar sensual e intelectual de la mente se convierte en un depósito de donde yo puedo ir extrayendo fórmulas y puedo confabular esa pueril poesía íntima en la que hablo conmigo mismo de todo lo que se me antoja. Todo es, en definitiva, un cuento referido, si no por un idiota, cuando menos por un soñador, pero está bien lejos de no significar nada."

Con estos párrafos podría empezarse la redacción de una "Historia natural de uno mismo", donde el capítulo dedicado a los sueños tendría que ocupar un lugar aparte. Los sueños contradicen la idea de una naturaleza bien definida o acotable por una geografía de nuestro cuerpo en armonía con el alma —en vez de "alma", si se quiere o se teme incurrir en un desuso, se puede utilizar la palabra *persona*. Los sueños constituyen interrupciones en el proceso natural de tomar aire, procesarlo de manera silenciosa, salir a la calle, hacer las compras, cenar con los amigos, etcétera. Son estaciones aparte que no podemos localizar en ningún mapa.

Forman redes en derredor nuestro, a través de cuyos agujeros se filtra nuestra propia vida y se deforma en otra cosa. Los sueños son como ir al cine al aire libre: nosotros miramos desde alguna butaca las acciones que nosotros, también, realizamos en aquella pantalla. Inventamos diálogos; o mejor dicho: los diálogos ahí están, de manera misteriosa y al mismo tiempo completamente natural. Los sueños son inapresables, enigmáticos —al amanecer se desvanecen como si estuvieran hechos de humo. Y a veces ni siquiera eso: caprichosos, no siempre nos visitan.

≈

Sigo dándole vueltas al tema de la naturaleza por no haber quedado satisfecho ni con Santayana ni con las conjeturas amistosas de mi corresponsal electrónico. Mi preocupación se acentúa en el momento de estar leyendo un pasaje de *La mujer de blanco* de Wilkie Collins. En la narración de los hechos que corresponde al maestro de dibujo en la novela, el señor Hartwright, hay un momento en que él y otros personajes dan un paseo en un carruaje por el campo. El maestro, que tiene la encomienda de enseñar a dibujar del natural a dos señoritas inglesas de una provincia culta y adinerada, pero en franca decadencia, reflexiona sobre el sentimiento de la naturaleza en el hombre. En su opinión, nadie tiene en sí mismo la capacidad de apreciar el mundo natural; el sentimiento de la naturaleza viene siendo un factor aprendido, artificial, incluso libresco, que puede asimilarse a un momento cumbre de civilización en la vida de cada quien. El hombre educado, y sólo él, es quien puede devenir esteta. Esto tiene una explicación aparentemente sencilla: todo aquello que rebasa la esfera de los intereses humanos nos es indiferente.

En la novela de Wilkie Collins, el profesor de dibujo va sentado al lado de una joven atractiva, y la belleza del paisaje, junto a la belleza de esta joven, palidece.

> *At any time, and under any circumstances of human interest, is it not strange to see how little real hold the objects of the natural world amid which we live can gain on our hearts and minds? We go to Nature for comfort in trouble, and sympathy in joy, only in books. Admiration of those beauties of the inanimate world, which modern poetry so largely and so eloquently describes, is not, even in the best of us, one of the original instincts of our nature. As children, we none of us possess it. No uninstructed man or woman possesses it. Those whose lives are most exclusively passed amid the ever-changing wonders of sea and land are also those who are most universally insensible to every aspect of Nature not directly associated with the human interest of their calling. Our capacity of appreciating the beauties of the earth we live on is, in truth, one of the civilized accomplishments which we all learn as an art…*[2]

[2] En cualquier momento, y bajo cualesquier circunstancia de interés humano, ¿no es extraño caer en la cuenta de cuán poco sustento real los objetos del mundo natural entre los cuales vivimos pueden tener en nuestros corazones y mentes? Acudimos a la Naturaleza en busca de consuelo en la dificultad y simpatía en el gozo sólo en los libros. La admiración de esas bellezas del mundo

El hombre, en general, se vuelca sobre sí mismo. Construye ciudades que son el equivalente de cuartos de cuatro paredes, tapizados de espejos del piso al techo. ¿Deberíamos aprender a salir más seguido? ¿O deberíamos aprender a vivir de veras en la intemperie? Está en nuestra naturaleza el convertirnos en el objeto perenne de nuestra propia curiosidad contemplativa. En un sentido paralelo, es inevitable pensar que siempre han existido las ciudades, y alrededor de las ciudades, murallas. Construimos para no ver más allá, quizá porque intuimos que todo lo que uno puede llegar a conocer no se encuentra sino dentro de uno mismo. Leí no recuerdo dónde que lo que a uno le es dado aprender en el transcurso de una vida o se encuentra en uno mismo o no se encuentra en ningún otro lado. Los hombres son por definición egocéntricos. Y quién que no lo sea puede negar que el cuerpo es una metáfora de la mente, y la mente y el cuerpo son metáforas de la ciudad y sus murallas. A esta certeza hemos opuesto el

---

inanimado, que la poesía moderna tan abundante y elocuentemente describe, no es, incluso en los mejores de nosotros, uno de los instintos originales de nuestra naturaleza. En la infancia, ninguno de nosotros lo posee. Ningún hombre ni mujer iletrados lo posee. Aquellos cuyas vidas que de manera casi exclusiva transcurren entre las maravillas siempre cambiantes del mar y la tierra son también aquellos que le son más universalmente insensibles a cualquier aspecto de la Naturaleza no directamente asociado con el interés humano de su incumbencia. Nuestra capacidad de apreciar las bellezas de la tierra en la que vivimos es, en verdad, una de las metas civilizadas que todos aprendemos como un arte…

refrán de que nada es para siempre. No hay ciudad que dure cien años.

≈

So brief is not brief
Not brief is so brief

LZ

≈

Hace frío, a pesar del sol. Por el frío que me cala los huesos de los pies descalzos, he decidido volver a meterme entre las sábanas para olvidar esa desagradable sensación e intentar leer un poco. Desde hace meses recibí de Oporto un libro forrado de una cartulina gruesa, demasiado a juzgar por el escaso número de sus páginas interiores (45). Lo abro casi al principio. "Los que rodean al emperador permanecen en silencio. Todo el jardín espera inmóvil a que la voluntad imperial caiga sobre la reina cautiva. Lo único vivo es el aletear de los guacamayos." El emperador es Carlos V y la reina cautiva, una piña.

Más allá de la ventana, dos palomas están acurrucadas sobre la cubierta del bóiler. Acabo de prenderlo y debe estar caliente. Las palomas se rascan en el pecho con la punta de sus picos, seguramente para matar a los piojos… ¿Dónde fue que estaba Carlos V? En su corte de España, a donde los conquistadores habían llevado guacamayos.

El emperador y la piña, habiendo de fondo un coro de guacamayos, no son el producto de un sueño. Así ocurrió en la realidad. Un filósofo del lenguaje se habría detenido a pulverizar esta última frase: "Así ocurrió en la realidad." Imposible, diría; el pasado es incompatible con la realidad presente. Los hechos se nos aparecen siempre después de haber entrado por el engañoso filtro de la memoria. Nada fue como creemos que fue. Ahí permanecen, sin embargo, congelados en aquel enunciado impecable, el emperador, la piña y los pájaros.

Todavía no hay rumor de gente en la calle. Acechan, sin embargo, los ruidos de las máquinas. El motor de un coche en el estacionamiento de al lado y la turbina de un avión invisible que en unos momentos estará aterrizando en el aeropuerto.

Intento reconstruir un sueño anterior, sin mucho éxito. ¿A dónde se evapora la sustancia de los sueños pasados? La pregunta parece retórica, pero no lo es. Aquí importa recordar y tratar de reconstruir la trama de un sueño verdaderamente soñado. Se me aparecen de inmediato los pecios del naufragio en el que estoy inmerso, con cero disciplina, cero memoria de mis sueños. ¿Si comprendiera como el minotauro que el laberinto no es un complejo signo de interrogación sino una casa de la que se puede entrar y salir a voluntad sin importar la hora del día?

El minotauro se llama Asterión en el cuento de Borges que termina con el brillo de una espada. El minotauro lo confunde con la aparición benéfica de los primeros rayos del sol. "—Lo creerás, Ariadna —dijo Teseo—. El minotauro apenas se defendió."

≈

Quiero hablar de los sueños pero no encuentro cómo. Pensé repasar los sueños de opio de Coleridge y de Quincey, pero tenía que releer por lo menos algunas páginas de la *Biographia Literaria* y otras tantas de las *Confesiones de un inglés, comedor de opio* (así traducido, el título de la obra suena a más inglés de lo que su autor seguramente hubiera querido significar).

¿De dónde iba a sacar el tiempo para semejante cosa? Abrí en cambio un libro de Vallejo, en la parte de los *Poemas humanos*.

> Y entonces sueño en una piedra
> verduzca, diecisiete,
> peñasco numeral que he olvidado,
> sonido de años en el rumor de aguja de mi brazo,
> lluvia y sol en Europa, y ¡cómo toso! ¡cómo vivo!
> ¡cómo me duele el pelo al columbrar los siglos semanales![3]
> quiero decir mi trémulo, patriótico peinado.

Vallejo no tenía por qué no confesar que había soñado nada más con una piedra. ¿Qué significa soñar con

[3] Que un siglo, o el tiempo entero, pueda caber en el lapso de una semana no es idea moderna sino antigua. En una de sus *Enarraciones sobre los Salmos*, decía san Agustín: "Lo mismo significa 'cuarenta años' que 'siempre'. El número cuarenta señala la totalidad del tiempo, como si por este número se completasen los siglos."

piedras? ¿Esto significa que la muerte ya está cerca, o que la muerte por su inminencia ya no importa? Lo que sea que el sueño signifique, lo único que podemos leer con claridad es que esa piedra tiene un color y quizás un número grabado. Después sobreviene el olvido, y después del olvido un verso memorable: "sonido de años en el rumor de aguja de mi brazo". Esta línea es de una belleza sin descifrar. Varias ideas, en el sentido musical de la palabra *idea*, se nos vienen encima: una brújula, el tiempo, la experiencia, la inutilidad, una jeringa, un hospital y un brazo de posibilidades acústicas perfectas. El poema en su conjunto tiene un título extrañísimo: "Fue domingo en las claras orejas de mi burro..." La remembranza es absolutamente peruana, hilarante incluso; pero Vallejo, al momento de escribirlo, estaba en Europa y sus poemas tienen el vocabulario y la escenografía de la Europa de aquellos años. El suyo es un vocabulario *en tránsito*, tal y como queda de manifiesto en su "Epístola a los transeúntes", donde dice:

> Pero cuando yo muera
> de vida y no de tiempo,
> cuando lleguen a dos mis dos maletas,
> éste ha de ser mi estómago en que cupo mi lámpara en
> pedazos...

Los climas en Vallejo, los objetos, el despojo, a todo lo trata con un equilibrio y una frialdad conmovedores. Como si mirara de afuera hacia adentro, y pasara de largo sin decir palabra, sólo mirando. Sus poemas tienen la fuerza de unos puños, golpeando insolentes una puerta de madera.

(Escribo sobre la mezcla de amargura e ironía en el poema de Vallejo y escucho el timbre del teléfono. Levanto la bocina casi de inmediato, porque el teléfono está muy cerca del teclado, donde me encuentro ahora, y un señor que parece conocerme desde hace años me dice: "Doctor, muy buenas noches..." Titubea. Yo tengo un amigo que para todo me dice Doctor, pero su voz no es la misma... "¿Se encuentra Liz?" Es la voz de un hombre grande. "Yo creo que está usted equivocado", le respondo, pero el viejito parece no dar crédito a lo que escuchan sus oídos, y responde con atónito ¿cómo? "¿A dónde quiere usted hablar?" Siempre soy duro y decente cuando se trata de este tipo de altercados. "A la casa del doctor Rodea." "Pues aquí no es." Da las gracias estúpidamente y cuelga la bocina. Era la voz de un sensiblero, y por eso no me detuve siquiera a pensar qué le pasaba o quién era Liz, si la esposa o la hija del doctor Rodea. ¿Un viejo para qué puede querer la voz de una mujer?)

Anoche soñé que caminaba por la playa. Era de día, al amanecer, y hacía frío. La arena no tenía el color amarillo de las playas calientes; su color era más bien grisáceo. Iba solo, con botas, abrigo y guantes. Nunca antes había estado enfrente del mar con tanta ropa encima. Alguien me llamaba por mi nombre con una voz suave, rozando mi hombro hasta llegar a los lóbulos de mis orejas. Daba la vuelta para ver quién era y no era nadie. El rumor del mar incluso había desaparecido.

Estaba de pronto metido en un cuarto sin muebles, con piso de duela y una ventana rota. El cristal estaba roto, pero no había la piedra por ningún lado.

≈

Mañana de nuevo es el *sabbath*, y yo he avanzado muy poco. ¿Hacia atrás o hacia adelante, a izquierda o derecha? He permanecido quieto todo el tiempo, atado a esta silla, a este espacio. El aire que respiro es el mismo que respiré ayer. Será también el mismo que respiraré mañana. ¿Y quién me escucha? El mundo se pierde o difumina en la espiral de un caracol. Hay un cartón de Quino que recuerdo de la infancia: un hombre vestido de traje y de corbata, con un portafolios en la mano, sube apresuradamente una escalera. Sube y sube una escalera que al parecer es infinita. En un extremo hay una puerta, y esta puerta anuncia el término de un sueño. Pero la mente que sueña no es la de un hombre, sino la de un chango.

≈

Me doy cuenta de que ésta es una conversación hecha de libros. No veo razón para nadar en contra.

≈

En una antología de poetas del Perú, en el prólogo, me veo de pronto frente a un pasaje que parece ineludible, por la sencillez y la hondura de la anécdota que narra. "Se cuenta que Pizarro le entregó la Biblia a Atahualpa afirmando que contenía la voz de Dios. El Inca se la llevó al oído. Después de un instante respondió: 'no suena'." Los indios de América tienen un sentido de lo místico tan pueril que su ignorancia aparente raya en lo sublime. Su obediencia de la praxis también es una crítica al lenguaje: las metáforas no sirven si no se refieren a cosas "reales". La palabra de Dios es imposible; entonces, ¿para qué preocuparse siquiera por nombrarla? En Occidente, desde los Padres de la Iglesia hasta los físicos de la mecánica cuántica y los filósofos del lenguaje, la gente se ha obstinado en cultivar todo tipo de correspondencias inútiles. ¿Qué sería del discurso sin los lugares comunes?, ¿qué sería del lenguaje incluso de no ser por las convenciones?

La antología, que reúne a catorce poetas peruanos, de Xavier Abril a Blanca Varela y Emilio Adolfo Westphalen, se llama *El libro de unos sonidos*. Se divide, como las partes formales e informales de un concierto, en una "Afinación" (alias el prólogo) y un "Concierto" propiamente dicho. En la página 19, la primera de la selección correspondiente a Xavier Abril, un poeta nacido en 1905 y desconocido en nuestro país, viene un "Poema del sueño dormido".

> El hombre desvelado es más fino que la brisa nacida en la frente de las mujeres dormidas. Y si pronuncia palabra es más silencioso que la llegada del alba.
>
> La soledad de los árboles es menos penetrante que el desvelo. El insomnio está lleno de ratones y dientes y pestañas. Verdadera fauna nerviosa de la que se sale sólo por milagro.

El primer párrafo, bastante convencional, modernista casi, no deja de ser verosímil gracias al elegante equilibrio de sus metáforas. El *hombre desvelado*, el dormido despierto, es más *fino*, es decir, más apto para filtraciones, que *la brisa nacida en la frente de las mujeres dormidas. Y si pronuncia palabra*... tal vez signifique prudencia. O quizá de lo que se trata es de dibujar los rasgos generales de la figura del poeta. Un hombre delgado y elegante, afeminado, frágil. Las líneas que siguen son lo más interesante. En primer lugar, un bosque silencioso, arcano, que se opone a la realidad romántica del sueño. Sigue una línea argumentativa, "atmosférica": *El insomnio está lleno de ratones y dientes y pestañas*; en su nimiedad, estas cosas pueden significar obstáculos mayores, que comunican la sutileza de un embrollo. *Verdadera fauna de la que se sale sólo por milagro.* Aparte de que aquí predomina el sonido de la s, se puede decir que el autor tiene razón: el insomnio desquicia los nervios y no precisamente porque presente a los ojos un espectáculo digno de la imaginación apocalíptica del Bosco.[4]

[4] En la página siguiente, hay un poema en prosa más interesante. Éste se titula "El autómata": "En el lecho, en el blanco aséptico, en la luz transparentada de los párpados, el loco dormido, silencio; el silencio, la obscuridad del blanco muerto, vago, perdido; el otro cuerpo, silencio; los ojos, las pestañas, la quietud facial, enjuta. El biombo, ahora, es el cielo con su insistencia, con su presencia bactereológica de hermana de caridad, sin estrellas, sin ángeles, sin cielo casi y casi sin nubes. El silencio..." Como se puede ver, aquí hay otras influencias, otras lecturas, otras aspiraciones. El modernismo hispanoamericano ya pasó, y el autor se halla instalado en

La cancelación del sueño era uno de los males —entre comillas— que afectaba la naturalidad de Fernando Pessoa, quien, como cuenta su hermana Enriqueta, tenía una vida muy desordenada. Iba a su oficina por la mañana; regresaba ya tarde. Bebía y fumaba en exceso y pasaba las noches en vela, dando vueltas alrededor de su cuarto.

≈

To under-stand. En un principio, los ingleses llamaron al entendimiento "estar debajo". Nunca han modificado esta primera impresión verbal. Louis Zukofsky, en "*A*", tiene una pequeña sección que desmenuza esa idea capciosa del entendimiento.

To
Stand-under..
Under-stand..
all one

Estar debajo, ¿pero debajo de qué? El entendimiento es, en este caso, más bien una convención, algo que se da por sentado. El entendimiento procede por ideas fijas y tiende a crear sistemas: esferas que flotan en perfecto equilibrio. El entendimiento es sordo, porque si atendiera a los sonidos otro sería el acomodo. ¿El acomodo de qué? El acomodo de todo. Cuando Ana Rosa

---

un cauce más propio por cuya sensibilidad uno se acuerda, aquí en México, de Xavier Villaurrutia.

quiere hacerme rabiar, me dice que yo soy más bien racional, que las cosas las veo a través de un espejo incrustado en mi retina. Desbarato las cosas, hasta las más nimias, como si fueran máquinas a diferentes escalas. Las situaciones, los sentimientos incluso. ¿Cómo será interrumpir el entendimiento y abrirse a una muy otra sustancia? Resignarse a no tener explicación de nada. En una sección del "Canto de mí mismo", Whitman dice que no hay que preocuparse por entender a Dios, así como no hay que preocuparse por entender el significado de una ínfima hoja de hierba. Ambas cosas tienen la misma importancia para él, porque ambas ni son mayores ni menores que él. El argumento en sí no es lo que más interesa, sino la fuerza conmovedora con la que Whitman propaga sus certezas.

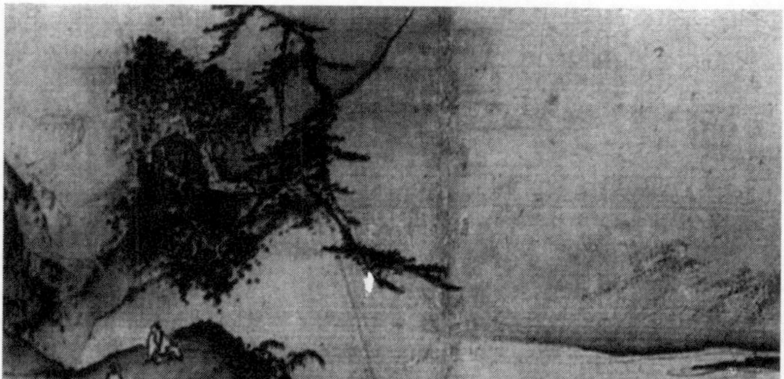

What tedium. And I call that playing. I wonder if I am not talking yet again about myself. Shall I be incapable, to the end, of lying on any other subject?

Samuel Beckett, *Malone dies*

2. Retrato con metáfora

1.

Salimos del cine ya muy tarde. No recuerdo exactamente por qué entramos a la función de las diez ni qué fue lo que habíamos hecho antes. Era viernes y al día siguiente no teníamos que levantarnos temprano. Recuerdo, en cambio, la sensación de caminar por las calles de la ciudad desierta, en el umbral de la madrugada. Por la avenida Revolución pasaban camiones de carga, uno o dos salían disparados al norte como abejas inyectadas de diesel, o como los vagones de un furgón anacrónico y malherido. De vez en cuando se veía un carro compacto, con el conductor, seguramente ebrio, pisando el acelerador a fondo. Aunque el mundo se hubiera reducido entonces a la percepción de la calle, la noche, los camiones, los carros esporádicos y nosotros, era difícil no caer en la cuenta de que la ciudad se había convertido a esas horas de la noche en una especie de célula cerrada en sí misma. Olvidada de su alma, no le ofrece cobijo a nadie, ni siquiera a los perros. Es como un puño cerrado, donde no hay un solo rincón donde se pueda *estar*. La gente también se vuelve arisca con el sueño. En las cantinas, por ejemplo, los meseros empiezan a las doce y media a impacientarse y en algunas se llega al extremo de empezar a poner las sillas encima de las mesas desocupadas, para anunciar con esta falta de tacto que ya se aproxima la hora de cerrar. El último tren del metro pasa a la una de la mañana, y esto es lo que acaba de conferirle a la noche su dimensión trágica o violenta. Con la luz de los faroles proyectando ínsulas de un amarillo enfermo cada cincuenta metros, no hay más remedio que ponerse en marcha antes de que sea demasiado tarde. La noche acentúa la condición efímera de todas las cosas, de que nada de lo que ella contiene nos pertenece.

Ángel Mellado no llevaba chamarra —las mangas cortas de su camisa a cuadros y un chaleco de color vino eran más que suficiente. Desde muy chico su padre los acostumbró a él y a su hermano Manuel a bañarse con agua fría. Nunca entendí bien por qué. No tener para comprar el gas no bastaba para justificar esa práctica, y ellos nunca fueron muy pobres. Un entendimiento deportivo de la existencia estaba detrás de esa costumbre, o un entendimiento zen que los hacía desdeñar el encendido del bóiler a las cinco o seis de la mañana.[1] Yo

[1] Años después entendí por qué. En épocas de escasez he tenido que bañarme con agua fría y comprobado que estos baños sirven para domeñar las pasiones, primero las del cuerpo y después las del alma. Exponiéndose a la temperatura ambiente uno se vuelve más uno mismo, más controlado y por lo tanto más capaz de sutilezas engañosas. De lo que se trata es de no transparentar las emociones, que nos ponen en riesgo ante la práctica común, en sociedad, de la rapiña. El baño con agua fría también es una costumbre antigua, por razones obvias: la gente del campo se bañaba

siempre he sido friolento, así es que llevaba una chamarra negra que me llegaba abajo de la cintura. Pero la chamarra no era suficiente, por lo que tirité todo el camino hasta llegar a la estación de metro más cercana. El cine al que habíamos ido a ver una película sobre Henry Miller, Anaïs Nin y la mujer de Henry Miller, June (interpretada por la belleza precoz de Uma Thurman), se llamaba "Agustín Lara" y ocupaba un predio enorme que compartían una Comercial Mexicana, un estacionamiento y una serie de tiendas pequeñas donde se vendían cosas inútiles; seguramente también había un veterinario y una farmacia, y adentro de la farmacia un refrigerador con helados, un símbolo fatídico de la decadencia que pesaba sobre el comercio en pequeña escala. A esa hora, sin embargo, ya todas las cortinas estaban cerradas con sus candados y lo que hubiera detrás tenía una importancia mínima.

Recuerdo ahora nítidamente la primera escena de aquella película. Henry, completamente calvo y con unos ojos diminutos, subía con dificultades por la herrería de un balcón, en uno de los edificios viejos de París. Conforme avanzaba, su cabeza calva y sus ojos pequeños empezaban a vislumbrar lo que ocurría en el interior del departamento: las piernas largas de su esposa June cedían al impulso ascendente de un bastón de madera

---

por comodidad en el río. Acabo de leer, en la biografía de Franz Kafka escrita por Max Brod, que el abuelo de Kafka se bañaba en el río y, en invierno, hacía un agujero en la superficie congelada y se zambullía en el agua.

que le trepaba por la falda hasta detenerse en la entrepierna. Ella jadeaba fingiendo placer ante el gesto siniestro y lascivo de un viejo que con su risa grotesca anunciaba lo que vendría después. La atmósfera en el cine estaba bastante cargada. Hacía calor. Ya afuera, la brisa nos oxigenó la mente y nos aligeró el cuerpo. No había nada de bruma, pero yo me empeñaba en sentirme próximo a los ritmos afectivos de la ciudad de París, con su neblina baja aleteando encima de las bancas a orillas del Sena. Y un farol que esparcía sobre la bruma su luz amarillenta. La sombra de Nerval flotaba conspicua sobre esos escenarios ligeros y adormilados —aunque otros podrían sentir la melancolía de unos versos de las Quimeras:

Modulant tour à tour sur la lyre d'Orphée
Les soupirs de la sainte et les cris de la Fée.

Ángel Mellado vivía en la colonia 18 de Marzo, cerca de una refinería del mismo nombre que estaba a punto de cerrar sus puertas por decreto gubernamental, uno de los primeros de los que yo tenga memoria para frenar un daño ecológico. Su madre había muerto de cáncer en el pulmón hacía varios años. Una de las primeras cosas que me confío Ángel Mellado en el curso de nuestra amistad fue el momento en que murió su madre. Él tendría entonces unos doce años y se había quedado en casa con su madre enferma y su hermano menor, Manuel. Su padre había tenido que ausentarse para visitar a un paciente. Ingeniero de profesión, a raíz de la enfermedad de su esposa el señor Mellado se había inscrito en la universidad para estudiar medicina. El motivo que lo había llevado a cambiar una profesión por otra era de una simpleza aparente. No quería que mutilaran el cuerpo de su mujer o que éste padeciera las quimioterapias y radiaciones que, en su opinión, sólo contribuían a aumentar el sufrimiento de un enfermo de cáncer. El señor Mellado aceptó la enfermedad de su esposa con una lucidez admirable y decidió estudiar medicina no para evitar lo que no puede evitarse sino para cuidar él mismo de su esposa e impedir con esto la profanación que significa el hundimiento del bisturí sobre la carne. Era ya de noche cuando Ángel se dio cuenta de que su madre respiraba con una dificultad inusual. El ruido que se le condensaba en el pecho en forma de aire era como el de una locomotora en pésimas condiciones, a punto de dar lo último de sí en una pradera del oeste norteamericano. Su pecho, que entonces daba la impresión de ser tan sólo un pergamino, subía y bajaba con el ritmo de uno de esos aparatos que se usaban antes para avivar el fuego de una chimenea. De pronto, como si un peso grandísimo se hubiera retirado para siempre de la habitación en penumbra, los bufidos dejaron de escucharse. Ángel fue por el estetoscopio de su padre y lo aplicó en el cuerpo inerte, a la altura del pecho. Se dio cuenta de que ya no latía su corazón con una frialdad extraordinaria. No hubo lágrimas en los ojos de nadie, sólo una expresión de alivio indescriptible.

Entramos en el metro San Antonio y nos detuvimos en Refinería. Para llegar a la casa de Ángel había que cruzar unas vías de ferrocarril y caminar después por una larga avenida con camellón. El camellón era tan ancho que tenía árboles sembrados en medio y unas torres trenzadas de luz, al fondo, para abastecer las exigencias de energía de la planta petrolera. Había un cielo estrellado cuya negrura elemental de alguna manera se correspondía con el olor a gases tóxicos.

Caminamos sin decirnos nada, pero muy conscientes el uno de la presencia del otro. En esos años, no tan remotos, la ciudad no era tan violenta como lo es ahora, y la gente podía caminar con tranquilidad por esos barrios a altas horas de la noche. De cualquier manera, había en Ángel un espíritu protector manifiesto que le confería sobre mí su complexión física: era mucho más alto que yo y notablemente más fuerte. Su afición al tae kwon do lo había hecho consciente de la potencia de hierro de su pegada, tanto en las piernas como en los brazos. Y de esto hacía un alarde constante, como si no pudiera creer que de los genes de su padre, un chaparro, calvo y de bastante grasa acumulada alrededor de los riñones, hubiera podido surgir un prodigio de fuerza y esbeltez como el suyo. El ánimo protector de Ángel, y en cierto sentido su ternura, se mezclaba con una suerte de veneración que sentía por mí: yo no sólo era frágil sino una encarnación semiespiritual o semisabia que había que llevar bajo el brazo cuando se cruzaba un puente o por encima de la cabeza cuando se atravesaba un río no muy profundo. La casa de la familia Mellado no era muy acogedora. Como la mayoría de las casas de los suburbios de la ciudad, parecía encontrarse en un proceso de construcción infinito —o en un proceso de construcción abandonado. Se entraba por un patio no mayor de siete metros por siete donde estaban el bóiler y un lavadero para los trastes y la ropa. No había plantas, todo era cemento y ladrillo gris. A uno de los costados del patio había una especie de accesoria, que en otro tiempo pudo haber servido como una tienda o como un expendio de algo, pero entonces funcionaba como la recámara del padre, quien luego de la muerte de la señora Mellado se había juntado con una joven estudiante de química. Ángel me contó la historia, de manera muy sencilla. "Después de la muerte de mi mamá mi papá se deprimió muchísimo. Conocía a esta joven de la universidad y de la noche a la mañana le dijo que si no se iba a vivir con él ['casaba' fue el verbo utilizado] se moriría." Y la joven accedió. No tenía arriba de los veintisiete años. Su pelo era negro y rizado por la falta de peluquería y sus modales finos armonizaban a la perfección con la blancura lechosa de su piel. No recuerdo ahora cómo se llamaba. Quizá Verónica. O Vera. Pero la señora Mellado no tenía la cara de ninguno de esos dos nombres. Era muy delgada y sus huesos eran los de una joven que apenas ingresaba en los territorios inciertos de la madurez. Me impresionó su generosidad, cómo o por qué en vez de buscar un partido más saludable, o más *noble*, había tomado la decisión de entrar a una familia compleja y en apuros económicos. Manuel, el hermano menor, padecía unas migrañas espantosas que lo tumbaban varios días en cama. Todos hablaban con reserva de las migrañas de Manuel, y más tarde supe que esa reserva era más bien temor por la salud endeble del miembro más joven de la familia. Con ellos vivía también la abuela, a quien le decían La Bola por su poco delicada gordura, su piel rosada como de cerdito y su pelo blanco. La Bola ocupaba un cuarto en uno de los costados del pasillo que comunicaba la recámara del padre con el baño y el cuarto oblongo de Ángel y Manuel. La Bola, la mamá del señor Mellado, era la sal y la pimienta en la familia. Tenía un carácter alegre, casi ñoño e insoportable por lo mismo en un principio, pero después se daba uno cuenta de que la señora tenía su carácter. Casi no le gustaba salir de su cuarto, el cual era un verdadero misterio, y Ángel, Manuel y su papá se la pasaban todo el tiempo haciendo bromas pesadas a sus costillas. Al final del pasillo estaba la cocina y más allá no había nada. En la azotea vivía un perro siberiano que nunca bajaba. Ángel decía que era muy bobo y que una vez había tomado la decisión de conocer el piso sin consultar con la escalera. Se fracturó varios huesos a causa de su falta de prudencia, que Ángel atribuía más bien a una falta irremediable de neuronas. En esto era implacable. La inteligencia era uno de los dones más comunes sobre la tierra, tanto en los hombres como en los animales, y su ausencia constituía el blanco de una burla perenne. Manuel tenía un gato, al que trataba con mucho cariño a pesar de su asma. ¡Pobre Manuel, él siempre estaba enfermo! En casa todos tenían el callado temor de que hubiera heredado los genes de su madre. Los muebles eran improvisaciones de diferentes épocas en domicilios anteriores. Todo parecía obedecer a la vocación de un fénix rutinario que tiene que sacudirse la ceniza todos los días para salir a la calle y cumplir la endemoniada profesión de vivir.

El cuarto de Ángel y Manuel era también la sala, el comedor, el estudio, el lugar de estar y de hacer casi todo lo que era posible hacer en esa casa. Sobre la mesa que le servía de escritorio a los dos hermanos había algunos libros que la curiosidad omnímoda de Ángel había llevado hasta allí. Recuerdo un tomo de pastas color vino —de esos que se consiguen por temporadas en los puestos de periódicos— con la teoría general de la relatividad y algunas novelas en ediciones baratas que nos habían inducido a leer en el cuarto grado del bachillerato, apenas un año antes. Se notaba sin embargo que cada uno de esos libros había sido leído con detenimiento y reflexión. También había un equipo de sonido, para las cintas de música clásica de Manuel. Esa noche, después de cenar, estuvimos escuchando los conciertos de Brandenburgo y una selección de música barroca. Hablamos de imágenes que se nos ocurrían con la música, de historias completas que tenían su obertura y su final gracias a la audición de una serie de armonías incomprensibles. Creo que los dos teníamos la intuición de que la música pertenece a un orden completamente ajeno a las palabras, pero éramos incapaces de expresarlo o de darnos cuenta de que así era. Manuel se fue a dormir al cuarto de su padre, y Ángel y yo platicamos hasta el amanecer.

De aquella época data el descubrimiento de que a nadie le hace daño desayunar con música barroca de fondo, sobre todo en las mañanas de sol. Después del desayuno fuimos a jugar básquet a las canchas de cemento de un parque que estaba cerca. Cada quien empezó ensayando unos tiros libres a la canasta o, mejor dicho, a los aros pelones que hacen las veces de canastas en los parques. Yo tenía la experiencia de haber estado jugando los sábados con mis hermanos y unos amigos en unas canchas de la colonia Álamos, pero mis colegas de ahora no entendieron lo estilizado de mi figura y se rieron de la manera en que arqueaba, primero las muñecas, después los codos y por último la espalda hasta parecer una garza que equilibrara el peso de su cuerpo sobre una sola pata. Para variar, empecé a sentirme incómodo y ridículo. Nos dividimos en parejas: Ángel y yo contra Manuel y el señor Mellado. El partido se resolvió prematuramente con las primeras jugadas: recibí un balón en corto de mi compañero de juego con la yema de los dedos; el anular de la mano derecha se me inflamó a tal punto que no pude seguir jugando. Lo recuerdo muy bien porque todavía tengo ese dedo chueco. Me pusieron en el suelo, a un lado de la cancha, con la cabeza recostada sobre una piedra. El colmo de males es que había empezado a salirme sangre de la nariz. El señor Mellado aconsejó que me apretara el tabique con fuerza, para evitar que la hemorragia continuara.

Por esas fechas hice un viaje al sur de Chiapas en compañía de unos familiares de mi madre. Nos instalamos en el rancho (ésa era la palabra) recién adquirido por un tío en los comienzos domesticados de un monte presumiblemente chato que a medida que uno caminaba y se adentraba en él se cubría de una selva cada vez más inextricable. No había agua potable ni servicios, por lo que había que bañarse en el río y hacer todo lo demás a campo traviesa. Empezaba a haber cableado para la luz —recuerdo haber visto al anochecer, a través de las ventanas sin vidrios ni postigos de las casas, uno que otro foco pelón. La gente vivía en construcciones de cemento y ladrillo que se asemejaban a cubos con los trazos de una ventana, una puerta y un porche, donde, por la tarde, salían los viejos a sentarse en unas mecedoras a sentir pasar la vida impunemente. Unas pulgas comenzaron a picarme los tobillos. Estaba arrinconado contra un nopal, tal y como mi abuelo me lo había sugerido, apartado del resto de la comitiva. Acuclillado sobre el pasto, esperaba a que el rubor no me apretara demasiado los esfínteres. Mi abuelo decía que para evitar las moscas había que agitar por encima de la cabeza un hatajo de periódicos; pero no había dicho nada sobre las pulgas. Como no sucedía nada, me subí los pantalones y caminé a una de las casas. Mi tío, mi abuelo y los demás hombres del rancho se habían ido al estanque, a nadar un poco. Las mujeres estaban juntas, a las faldas del monte, quemando semillas de cacao en un comal inmenso. En la casa que nos habían asignado a mí y a mi abuelo había una muchacha con la cara del tamaño de un plato, que acomodaba unas cosas en los cajones de madera de una cómoda. Llevaba unos pantalones cortos de mezclilla y una blusa ligera de color anaranjado que era como el aura materializada de los deseos contenidos de una muchacha de su edad en un lugar tan aislado como el que le había tocado en suerte. Su boca estaba pintada de un rojo muy intenso. En la penumbra, decidí mejor no violentar los acontecimientos y salir al porche. Allí estaba el hermano de la muchacha con la cara de plato. No recuerdo su nombre. Era un niño de siete años con quien había hecho buenas migas. El rasgo más notable del carácter de este personaje de escaso metro y treinta centímetros de estatura era que andaba descalzo todo el tiempo. No importaba si era tierra o campo traviesa, las plantas de sus pies se habían curtido hasta el punto de parecer unas suelas de hule. Animado inconscientemente por esa visión, dije que sí cuando me ofreció acompañarlo a uno de sus paseos. Nos internamos en la selva llena de mosquitos, quitando las ramas que se nos ponían enfrente gracias a una vara larga que yo portaba en mi mano derecha y un machete oxidado que el niño había heredado de uno de sus mayores. Llegamos a un claro donde había una construcción abandonada: era una de esas construcciones cúbicas que delataban el ingreso de una modernidad rústicamente entendida. El niño se subió a una de las esquinas del cubo de cemento y ladrillo, haciendo gala de una agilidad aprendida en el campo. Como el cubo no tenía techo, el niño me invitó a seguirlo. Trepé hasta allí tratando de fingir condición física. Después de otear el horizonte y de ver al niño blandiendo su machete como si fuera un pirata decidimos irnos. El niño fue quien saltó primero. Lo seguí casi de inmediato, sin darme cuenta de que había unas vigas de madera pudriéndose al lado de una de las paredes del cubo, justo donde habrían de caer mis pies en unos nanosegundos. Al caer de golpe sobre una de estas vigas, sólo sentí un pinchazo. Con el dolor de mi pie en las pupilas de mi amigo, levanté el tobillo para verme la suela del tenis bañada en sangre. Se me había enterrado un clavo oxidado en la planta del pie. Me quité el tenis de color azul y rehicimos el camino, apoyándome en los hombros del niño como si éstos fueran muletas. Ya estando en el rancho, uno de los viejos me auscultó el pie y decidió que había que llevarme a la clínica del pueblo. Una vez llegados mi tío y mi abuelo, me subieron a la camioneta y me llevaron al pueblo. Una doctora me lavó la herida, que era bastante profunda, y me aplicó la inyección contra el tétano. Salí cojeando, muy pálido después del otro pinchazo que había recibido en el transcurso de unas cuantas horas, esta vez en el brazo. Al día siguiente estaba de regreso en la ciudad.

Mi padre me hizo ver al doctor de la Comisión de Box y Lucha del Distrito (en aquella época, mi padre trabajaba en una compañía promotora de box y gozaba de éstos y otros privilegios). El consultorio del doctor Mejía estaba en una edificio de departamentos de la colonia Álamos. El doctor era un joven que difícilmente tendría más de treinta y cinco años, un flaco de lentes que no parecía ni muy inteligente ni muy convencido de que estuviera en el lugar indicado. En una palabra, era el modelo incontestable del hombre resignado e incompetente. Después de pedirme que me quitara el zapato y el calcetín y de verme la bola cada vez más grande que me crecía en la planta del pie derecho como un bombín de carne roja, me dijo que la hinchazón se debía a un "cuerpo extraño", una basura que había que extirpar por medio de una cirugía menor que él mismo podía practicar en su consultorio cuando mi padre lo autorizara. Salí de ahí con la seguridad de que había estado con un farsante. Le conté a Ángel lo que me pasaba y me llevó con su papá. El doctor Mellado nos recibió en su cuarto, a eso de las siete de la noche; lo recuerdo porque a esa hora se transmite por la radio un programa de jazz que el doctor estaba escuchando en compañía de su mujer. Llevaba puesta una camiseta blanca de algodón barato y unos eternos pantalones de mezclilla. Me observó el pie reteniéndolo con los dedos fríos que caracterizan a los médicos, y me dijo que tenía razón, que no tenía ningún cuerpo extraño sino una especie de larva que se da en los climas tropicales. De un librero de ladrillos y tablas, que estaba separado de la cama apenas por una levísima franja de linóleo, sacó un volumen muy grueso en el que había las fotos terribles e inverosímiles de esos testaferros de los supliciados que son los modelos de los almanaques médicos: hombres y mujeres desnudos, retratados sin ninguna calidad fotográfica, mostrando sus cuerpos infestados por una larva que empezaba manifestándose como una bolita y que luego se iba propagando de manera casi imperceptible hasta generar en el cuerpo el mismo efecto visual de la lepra. Para curarme, el papá de Ángel me recetó una pastilla, que debía tomar dos veces al día. Bastaron dos noches cuando, obediente de no sé qué impulso primitivo de conservación y destrucción de la materia, me vi la planta del pie y me puse a exprimirme la bolita. De la carne enrojecida por la presión de los dedos empezó a brotar una especie de gusano diminuto y repugnante que guardé en un frasco para enseñárselo a la mañana siguiente a mi médico.

Una nube de color morado sobre nuestras cabezas pronosticaba una lluvia violenta. Había rayos también, y la Plaza de la Constitución no era el lugar más indicado para estar a esa hora del día. "¿Cuándo nos vamos?", le pregunté sin más. "A las siete." Faltaban aún dos horas y yo había comprendido de súbito por qué aquella joven vivía en casa de los Mellado desde la muerte de la madre biológica de Ángel y Manuel. Su padre era un hombre especial, de una inteligencia y de una intuición casi imposibles. Un día, el señor Mellado me dijo, habiéndose enterado de que yo quería estudiar filosofía, aun a pesar de la franca oposición de mi padre: "Nosotros nos cansamos de trabajar con el cuerpo, pero ya verás que es aún más cansado trabajar con la mente. Uno se cansa de pensar." Cada vez que decía este tipo de cosas, se le oscurecía la voz y usaba un tono que me resultaba insoportable. Tenía una presencia de ánimo atractiva y repugnante a la vez. Su amabilidad sin límite aparente me parecía un exceso que rayaba en la vulgaridad. No podía tolerar de su parte, y, a decir verdad, en ese entonces de la parte de nadie, que tratara de aproximarse demasiado. Y el padre de Ángel quería tratarme como a un hijo. Ángel le había contado de la enfermedad de mi padre y de los problemas que tenía con él. Torpemente, el señor Mellado quiso sustituir aquella supuesta ausencia con su presencia espuria. No es que fuera yo un huraño, es que tenía un sentido de la proporción y del ridículo que no se correspondía con los parámetros vitales del señor Mellado. Él había perdido una esposa que lo había hecho sensible a las fibras más tenues y creíbles de la experiencia, pero la enfermedad de mi padre para mí no significaba una pérdida sino una ruptura eventual que formaba parte de la cadena de eso que a falta de una palabra mejor, o menos elocuente, llamamos destino. El señor Mellado era capaz de provocar en la gente que estaba a su alrededor una dosis exacta de admiración y desprecio.

II.

Todas las tardes, en el verano, solía pararme detrás de la cortina de mi cuarto a ver pasar a una muchacha que estaba seguro era bailarina. Tenía el pelo negro y la piel muy blanca y se contoneaba con una gracia aprendida en las academias de danza. Esto acrecentaba mi sospecha. En el mes de septiembre comenzaron las clases y Ángel había sido ubicado en el salón del área dos, en el segundo piso del edificio que ocupaba la preparatoria en las calles de Benjamín Franklin y Benjamín Hill. Yo estaba arriba, en el salón 33, en el área correspondiente a las humanidades. El área dos era la destinada a los estudiantes de química, biología y medicina. Después de dos meses de no vernos nos encontramos en un pasillo. Nos vimos en la tarde, después de comer, en el metro que estaba en la esquina de mi casa. Yo le conté de la muchacha que había conocido a través de la ventana y le tracé el plan más ingenuo del mundo para intentar conquistarla. La esperamos tal y como lo había hecho, en soledad, en el verano de las vacaciones pasadas. La seguimos hasta su casa. A los dos días estábamos tocando el timbre de su departamento, a unas cuadras del mío, con el pretexto de que éramos parte de la redacción de la gaceta universitaria y queríamos una entrevista con el señor de la casa, quien resultó ser cantante en el coro de madrigalistas de Bellas Artes. Asombrosamente, este hombre nos dejó pasar a su casa, un departamento de dos recámaras, una estancia en miniatura, una cocina y un baño. Todos estaban allí a esa hora: la señora, las dos hijas y el menor, un niño de seis o siete años bastante afable. Con una amabilidad obscena de su parte, el señor nos invitó a pasar a su casa. Eso, de entrada, me pareció sospechoso: un individuo que te invita a pasar a su casa, donde comen, duermen y se bañan sus hijas de trece y dieciséis años sin conocerte de antemano ni saber quién eres o a qué te dedicas, no puede ser digno de confianza.

Ya he dicho que se trataba de un departamento muy modesto que se encontraba en las calles de José Tomás de Cuéllar e Isabel la Católica. El señor nos enteró a las primeras de cambio que eran de Guadalajara, de donde hacía un par de años habían emigrado a la ciudad. A pesar de su tez morena este hombre tenía una estatura considerable, que competía con la de Ángel. Es decir que ambos medían aproximadamente un metro y ochenta centímetros. Su mujer, de unos treinta y seis años, tenía el aspecto grato de las tapatías y se notaba a la legua que en su juventud había levantado pasiones y destrozado corazones. Ahora la lujuria parecía estar lejos sobre todo de su marido, quien se veía bastante tranquilo de carácter. Él salía todas las mañanas a trabajar y por las tardes, después de las seis o las siete, regresaba a casa. Yo lo escuchaba cantar por la calle y su desfachatez me llamaba mucho la atención, por desentonar con el decorado más bien austero de un barrio donde la voz de un cantante de madrigales parecía un lujo excesivo. Como era previsible, este hombre nos bautizó con nombres italianos, Angelo y Giuseppe.

El primer nombre de su hija, que efectivamente estudiaba danza en una escuela de iniciación artística del INBA, era Bertha, como el de la mamá, y el segundo era Cecilia por haber nacido el 22 de noviembre. De inmediato me identifiqué con el segundo nombre, por parecerme, no sé, más mundano, pero Ángel demostró al tiempo su sensibilidad contraria y prefirió el primero, Bertha. Las cosas empezaban mal. (Bertha era un nombre más redondo, menos espigado que Cecilia, y esta percepción, a la larga, tendría consecuencias definitivas.)

De música sabía muy poco; Ángel tampoco era muy ducho en esta materia debido sobre todo a la resistencia de su hermano Manuel a escuchar nada fuera de los períodos clásico y barroco. Bach en primer lugar, después algunas obras de Corelli, Pergolesi, Haydn, Boccherini, Scarlatti, y fuera del barroco, Mozart y Beethoven. Lo más moderno era Ravel (recuerdo haber acompañado una vez a la familia a un recital de la orquesta de alumnos del conservatorio donde Manuel tocaba el oboe, y en el que la pieza más sobresaliente del programa fue el *Bolero*). Esta circunstancia le permitió a Ángel comenzar a ganarse la estima del padre de Cecilia. Ahora, no era sólo la estatura o la fortaleza de Ángel lo que me opacaba, sino su sensibilidad y sus conocimientos. Fue en ese departamento de José T. de Cuéllar donde escuché por primera vez que yo tenía una forma de proceder más bien analítica. Desde entonces he llevado a cuestas ese estigma.

Dos o tres veces por semana, a eso de las cinco, visitábamos a esta familia de cuyo nombre jamás llegué a enterarme. Porque lo que me importaba en este caso no eran los nombres sino las amplias caderas de Cecilia. A ellos parecía halagarles nuestro interés, un interés *compartido*: por un efecto de osmosis, Ángel empezó a sentirse también enamorado de las pantorrillas gruesas y de un blanco lechoso que asomaban entre los calcetines blancos y el principio de los pantalones azules, deportivos, de Cecilia. Era una bailarina atípica: de cuerpo entero, la suya era más bien una anatomía aún arraigada en un paisaje de provincia de mediados de siglo. Quizás este aspecto suyo más bien rollizo tenía que ver con el período de plena producción hormonal en el que se encontraba la muchacha y que delataban los granitos que tenía sobre las mejillas rosadas. Detrás de unos labios carnosos pero mal delineados asomaban unos dientes pequeñitos, que provocaban un efecto contrario a la armonía de su rostro cuando sonreía. Su pelo era negro y abundante y sus caderas, terriblemente anchas. Yo creo que era esto, y la hipnosis de su vaivén al verla caminar a la distancia, lo que había perturbado mis sueños y me había llevado a emprender esta absurda aventura. Recuerdo claramente el palpitar del corazón en el pecho cuando Ángel y yo subíamos las escaleras de ese triste apartamento por primera vez. Ensayamos los parlamentos en el ascenso y nos decidimos como los machos, ciegamente, al estar ya de pie enfrente de una puerta que no tardó en abrirse demasiado. Es más: fue como si ya nos estuviesen esperando.

Nuestra relación fue sobre todo con el padre, con quien platicábamos un poco de música y otro poco de literatura. El señor X. era un ultraconservador de provincia que cierta ocasión, apenas al comienzo de nuestras visitas a su casa, recuerdo que se metió a su habitación y después salió envuelto en una toalla para meterse al baño. Hizo esto con un sigilo ridículo, pues era imposible que en ese espacio de seis metros por tres no lo viéramos. Su gesto me pareció obsceno y premeditado: el señor X. quería mostrársenos no para provocarnos, sino quizá para probarnos de una manera bastante burda. Al tiempo que nos demostraba la súbita confianza que ahora nos tenía nos daba a entender que habíamos ingresado al seno de su familia y que esta intromisión traía consigo una responsabilidad. A sus ojos, éramos los pretendientes de su hija, yo de manera oficial y Ángel de manera subrepticia. Siempre vi en este hombre ciertas inclinaciones perversoides de un provinciano que tiene códigos morales contrarios a los de una ciudad que desconoce las posibilidades sádicas y arquetípicas de los primos del *campo*.

Una tarde, el señor X. quería llevar un mueble de la sala a la habitación que compartía con su mujer. Era un mueble pesado y grande, que no cabía por el marco de la puerta. Ángel se ofreció a ayudarle. El primer impulso de ese hombre fue negarse, pero después cedió al darse cuenta de que Ángel no sólo tenía la fuerza suficiente para desplazar el mueble, sino que sugirió ponerlo de lado para que pudiera atravesar el marco de la puerta. "Qué inteligente es Ángel", dijo en voz alta, entre admirado y halagüeño, para que todos los demás lo escucháramos. Yo me sentía incómodo, porque de alguna manera esto significaba la aprobación del padre respecto de Ángel y la descalificación de mi persona. En otro momento, en la víspera de una fiesta a la que debía asistir Cecilia, su madre sacó una tela enfrente de nosotros y nos preguntó que qué tal se vería su hija con un vestido de ese color y textura. Yo no supe qué responder, y Ángel se puso serio, pensativo. Dijo estar imaginando a Cecilia con ese vestido. Todos, incluso la mamá de Cecilia, lo vieron con ojos maravillados y exaltados. Yo, para mis adentros, me dije que esto era el principio del fin. La muchacha era suya por derecho propio. Se la había ganado y había depositado en sus bolsillos los espíritus atónitos de esos señores de la provincia tapatía. Era evidente que Cecilia prefería el metro y ochenta centímetros de mi amigo, sus brazos tan fuertes como gatos hidráulicos, sus manos grandes y ásperas y su pie bien delineado (Mellado sentía una fascinación casi obscena por el trazo femeninamente curvo y armonioso de sus pies; cuando se quedaba a dormir en mi casa, los comparaba con los míos, burlándose de la estructura dizque de tamal de mis empeines).

Ángel tenía una voz cavernosa, que ponía al descubierto la torpeza y la timidez esencial de su carácter. Estando en sociedad, sus avances eran rápidos y poco meditados. Esto lo hacía parecer o ríspido o brillante. Esa noche llevaba consigo un cuaderno de forma francesa, donde, a mano, había hecho una antología de sus poemas. Se la mostró al señor X. Éste leyó en voz alta el primer poema de Ángel, el más logrado de todos seguramente. Se llamaba "Estrella polar" y yo no recuerdo sino los dos últimos versos, enmarcados en un clima de lejanía, nostalgia de lo que no ha sido pero de cualquier manera es en la imaginación de quien escribe y, en suma, de antisarcasmo:

> Son dos bocas
> separadas apenas por la frontera de unos labios

...un par de cursis, pensé; por eso se entienden. Estos pensamientos han probado una y otra vez su ineficacia. Recurrimos a ellos para neutralizar el anatema que nos excluye del lugar al que creíamos pertenecer. Todo esfuerzo en este sentido será infructuoso. De nada sirve levantar una fortaleza original en el exilio de una convivencia. Imposible mencionar en esa casa los nombres de Stravinski o Prokofiev, músicos que habían dejado de ser noticia hacía varias décadas. En las mentes de Ángel y del señor X. pesaba un anacrónico anatema contra todo lo "moderno" y sus iconos.

Ángel le mostró, en la primera página de su cuaderno, a manera de frontispicio o epígrafe, un poema mío que le había robado su inspiración a la *Pasión de la Tierra* de Vicente Aleixandre. Era una composición plagada de torpeza, con la imagen de unos huevos estrellados friéndose en el vientre blanco de una dama medieval vislumbrada en una noche de insomnio. La desaprobación del señor X. fue tácita. Con su dedo índice repasó las líneas del poema en prosa que pudieron haber sido algo parecido a lo siguiente:

Telegrama de dimensiones murales

hemos sido obligados a dormir en una fosa a siete grados bajo cero... ella comprende las razones de mi ausencia... bocarriba, son las garrapatas las que inducen el insomnio de los muertos... un gancho se ha filtrado en esta celda, el carcelero ya planea su suicidio... he comenzado a acostumbrarme a los silencios de mi cuerpo... cuánto demora en llegar la luz de la mañana, que se confunde con la noche, que se confunde con mi sombra... me han traído algunos libros que compensan los desiertos nevados del silencio con un poco de diálogo... una semana enfebrecido... la enfermedad se ha replegado en los minutos... soy ajeno a las emociones de mis correligionarios... el agua escasea... he llegado a la conclusión de que el aseo es innecesario... me aficiono por las noches, que son eternas, a los misterios de un cuaderno... me divierto puliendo mis frases... vuelvo a ser presa de alucinaciones... los guardias acaban de tirar mi cuerpo a un río subterráneo... mi cuerpo ha comenzado a corromperse, la sensación es refrescante... el agua de mar tiene un poco el sabor de la ginebra... como a Jonás, me ha tragado una ballena... en el interior de la bestia he descubierto un par de sogas... he decidido construir un barco... la posibilidad de navegar a ningún lado me llena de esperanza... he decidido hundir el barco, antes de haber empezado a construirlo... el agua me ha llegado a las rodillas... a los dos días encuentro que mi celda es otro espacio ilimitado... camino en círculos... he comenzado a sentir otra vez el vértigo... el sueño ha terminado...

El señor X. guardó un silencio indulgente. No dio muestra del más mínimo asombro, más bien fue como si hubiera tomado un vaso de agua simple. Yo sentía cómo el rubor me coloreaba las mejillas y la presión de la sangre se me iba agolpando en las orillas de los ojos, haciéndome apretar la mandíbula y bajar la vista. El señor X. parecía uno de esos iconos parroquiales tallados en madera o vaciados en moldes de yeso que desde la altura misericordiosa de sus nichos nos hacen hervir la sangre y sentir culpables. A los ojos de este hombre, Ángel parecía estar lleno de talento en comparación con los pobres dones que en mí cada día resultaban más y más opacos. Yo entonces tenía a la escritura como una ambición secreta, habiendo declarado varias veces ante familiares y amigos que estudiaría filosofía. Ángel se dedicaría a la química o a la medicina, como su padre. Han pasado los años y yo he publicado algunos libros. Sin embargo, siempre he creído que era Ángel el escritor genuino y yo el falaz usurpador de sus instintos literarios. Con todo, eran años felices. Caminaba por la calle y las niñas volteaban a verme. La vecina de la casa de enfrente, Michèle, quien todavía no era lo suficientemente grande como para tener un romance, estaba prendada de mí. O al menos esa impresión tenía. Su hermano Gonzalo se burlaba de ella de cuando en cuando convirtiendo la ventana de mi cuarto en un reflejo de mi desdén. Gonzalo la retenía con fuerza impidiéndole esconderse detrás de los lavaderos de cemento que estaban en la azotea de su casa; desde ahí chiflaba a la ventana de mi cuarto, donde yo me encontraba seguramente tratando de impostar los sentimientos parricidas de Kafka en su *Carta al padre*. Michèle se retorcía como chicle tratando de escapar de las garras burlonas de su hermano y al poco rato desaparecía. En realidad, desapareció para siempre. Michèle creció y se convirtió en una de las reinas inasequibles de la cuadra. Ahora me arrepiento un poco de esta actitud desdeñosa que se repetiría varias veces, con diferentes mujeres, en la cuadra, en la escuela y finalmente en el trabajo. Los años pasan y las mujeres se vuelven mucho más reacias. Cuando ellas dejan de fijarse en uno con cierta facilidad se puede decir que la juventud nos ha obligado a colgar los tenis y ha comenzado el período del traje y la corbata, o las camisas de cuello redondo, que uno lleva casualmente por encima del pantalón. La cabeza comienza a parecerse más a la rodilla y los cachetes a inflarse. Son unos cuantos los privilegiados que comienzan a preocuparse por esto hasta pasados los treinta. A los 27 me es imposible dejar de ver aquellos años con nostalgia. Con una nostalgia que todo lo cambia. Ayer estuvo Adrián en mi casa y me contó de cómo estaban las cosas en la cuadra. Michèle —me dijo— se puso gorda y plana. Cada vez que mi madre la saluda, la regaña por estar intimando con gente que, en su opinión, no lo merece. A pesar de los desplantes de Adrián, Michèle es muy amable con mi madre. Le ayuda a cargar las bolsas del mandado y un día que necesitaba sacar unas copias la llevó a una tienda donde eran más baratas. Con el tiempo he descubierto que a la gente le pesa más estar sola y busca aliados en quienes antes fueron extraños.

A mí la que me gustaba —o, mejor dicho, la mujer con la que yo cotejaba los avances de mi libido— era la mamá de Gonzalo, que no era, por cierto, la mamá de Michèle. La inexistencia del parentesco se infería del color de la piel: Michèle era una rubia de piel tan blanca como la leche, y sus ojos eran claros; en cambio Gonzalo y su mamá eran morenos y de cabello negro —con la salvedad de que la mamá de Gonzalo se lo pintaba de color zanahoria. Era una mexicana chaparrita voluptuosa, de esas que levantan pasiones tan efímeras como el polvo que arrastra el viento del final del verano, en septiembre. Tenía unas piernas que se inflamaban de carne desde los tobillos y a medida que iban conformándose los muslos ésta se iba afirmando con la turgencia de una fruta; este atributo se incrementaba en forma ascendente hasta llegar a un anticlímax en sus vértebras lumbares, donde se formaba un hueco que servía de soporte al resto de la espalda. La señora parecía haber salido de un lupanar por obra y gracia de un enamorado y concienzudo político mexicano. Después me enteré que la mamá de Gonzalo no era su mamá, y que el papá de Gonzalo, el político mexicano enamorado y concienzudo que llegaba todos los viernes a las cinco y se despedía todos los lunes a las nueve de la mañana, no era el papá de Gonzalo sino el "tío" de Gonzalo. La señora del pelo zanahoria se embarazó del "tío" de Gonzalo y Gonzalo tuvo que dejar la casa, para ahuecar el ala e irse a vivir de una vez y para siempre con su madre biológica, una señora delgadita y poco alegre que le gritaba desde la esquina de la calle "Goo-onn-záááá-lo". Si Gonzalo no aparecía el grito era más profundo y desesperado: "Goooo-ooonnnn-zá́ááááá-looo". Cada vez que escuchaba a su madre o a la señora del pelo zanahoria gritar por Gonzalo yo soñaba con entrar por la ventana de la alcoba de enfrente, adornada con muebles del Palacio de Hierro y un televisor de 24 pulgadas con cable. Allí estaría esperándome la señora del pelo zanahoria con su negligé rojo y, a flor de piel, el hartazgo de tener que tratar cada fin de semana al señor decente que la había sacado del tugurio para tenerla encerrada en un tugurio por familiar no menos hipócrita y hediondo. Soñaba con entrar por aquella ventana nada más porque sí, para satisfacer las exigencias de una libido más entusiasmada con las mamás que con las hermanas menores de sus vecinos.

Esa noche salimos ya tarde de la casa de los señores X. Ángel y yo discutimos mientras caminábamos de regreso a mi casa, que estaba a media cuadra de la estación de metro San Antonio Abad. Ángel defendía la inspiración, argumentando escuchar una voz que le dictaba sus poemas. Yo, que me sentía un inútil, dejado de la mano de Dios, arremetía en contra.

"La literatura es un bien común que escapa por completo al dictamen romántico y ya superado de la inspiración como la voz de otro que compone el poema. Después de Eliot y Joyce ahora sabemos que no existe sino un contacto estrecho, un vaso comunicante que aúna la experiencia a la escritura y las fusiona. Si tú no has leído lo que está antes, no podrás saber ni descifrar los mecanismos, por simples que éstos sean, de lo que estás escribiendo ahora. El escritor es y debe ser un *fabbro*, apercibido de las novedades encapsuladas en los registros del pasado."

"Yo no creo en eso", contestó Mellado. "Prefiero incluso no leer, para no sentirme influido por ninguna corriente ni por ningún otro estilo que no surja conmigo." Me quedé atónito y rumiante, sin saber qué contestar en ese momento, sin armas, sin argumentos.

En el fondo, sabía que Ángel estaba en lo cierto. No importaba que Borges opinara lo contrario. No importaba porque yo no era Borges y no podía darle cátedra. Invoqué desesperadamente a Rilke, quien en sus cartas a un joven poeta recomendaba cuestionarse a solas, a la hora más oscura y silenciosa de la noche, si de veras se podía vivir sin seguir escribiendo. Si la respuesta era positiva había que abandonar el lápiz, la pluma y el papel. De lo contrario había que continuar irremediablemente por ese camino. Rilke era piadoso e irónico con su corresponsal de aquellos años, recluido en el mismo colegio militar donde él había estado varios años antes, en su juventud. Sabía que en el momento en que uno se hace ese tipo de preguntas es porque la vocación no existe. El escritor debe *ser*, más allá de las dudas, o *ser* incluso a pesar de sí mismo. Las imposiciones, o las aspiraciones falsificadas, salen siempre a relucir en las tortuosidades de la escritura que resulta de esos vanos intentos.

Pero la discusión que estaba detrás no era sobre Rilke, la vocación o el artista adolescente joyceano. Era Cecilia. Era un velado reclamo que yo le hacía a Ángel por estar suplantando mis sentimientos en un juego perverso, donde de lo que se trataba era de anularme, eliminar la autoridad moral e intelectual que hasta entonces yo había ejercido sobre él. En el fondo sentía que mi amistad con Ángel no dependía de una sincera afinidad sino de un sentimiento monstruoso que iba a terminar destruyéndome. Sus habilidades para resolver ecuaciones de segundo y tercer grado eran superiores a las mías; su talento para resolver y memorizar las fórmulas químicas era mucho más pródigo que el mío. Y encima de todo eso, su interés por la literatura era genuino y fluía sobre la página con una espontaneidad que a mí me hacía falta. Estaba metido en un laberinto asfixiante. No había escapatoria posible. Ese laberinto era el mío, y Ángel se había mostrado como el verdugo encarnado en el brillo de cobre de la espada de Teseo.

Todo terminó un domingo. Los señores X. más que Cecilia, según recuerdo, nos habían invitado a la función de fin de cursos de los alumnos de la escuela de danza. Ahí nos presentamos a eso de las diez, en la taquilla del teatro de la danza. Era una mañana brumosa, de esas que ocurren en el verano para despistar a los turistas, haciéndolos vestirse de abrigo o de camiseta y sandalias para morirse, en el primer caso, de calor o de frío conforme avanza el reloj térmico de la ciudad. La señora X. nos estaba esperando para darnos nuestros boletos. Eran las diez o las once y a pesar de la luz de la mañana seguía haciendo un poco de frío. Nos sentamos junto a los señores X. y a sus dos hijos menores —Jimena, de trece años, huraña e intuitiva, y el niño de seis o siete, bastante insulso. Cecilia, para decepción y salvación mía, no estudiaba danza contemporánea sino danza folklórica. Los ballets folklóricos me han provocado siempre actitudes encontradas: a veces una gran indiferencia, a veces solamente asco. Los considero y los siento, que es lo peor, vacíos de esa calidad aérea y turgente que acompaña a todos lados a los bailarines de clásico y contemporáneo. Cecilia no se vestía en fachas, con mallones que le cubrieran las piernas sustituyendo la piel natural de su cuerpo por la piel artificial y astrosa de la licra o el poliéster, según el clima o el humor, tampoco tenía la desfachatez que permite que las bailarinas se desnuden en cualquier parte sin importar la cantidad de miradas que las miren, ni estaba poseída por ese entendimiento corporal que hace consciente al bailarín del lugar privilegiado que ocupa en el espacio por su sola presencia de ánimo. Cecilia era un poco elefantuna y sus modales no eran nada educados. Era tosca al moverse, aunque a la distancia sus caderas y su movimiento pausado y rítmico de izquierda a derecha me hubiera encandilado en un principio. La señora del pelo zanahoria, encarnación de ese ideal femenino que habita en el deseo de todos los mexicanos, incluidos un buen número de italianos y franceses, era mucho más auténtica, mucho más real y tangible que los granitos diminutos que poblaban las mejillas blancas de Cecilia.

Le tocó el turno a la compañía de Cecilia. Recuerdo que interpretaron la Danza del Venado. Todos los alumnos eran de una marcada torpeza para moverse. Cecilia aparecía con un atuendo diminuto que ponía al descubierto la profusión de sus carnes. Ella tocaba unas maracas de cuero natural y estaba todo el tiempo consciente del papel que estaba representando. Me sentí aliviado. Cecilia estaba gorda y sobre todo estaba lejos de ser una bailarina en el sentido auténtico del término. En su forma de desenvolverse en el escenario no había una pizca de arte. Mientras observaba sus evoluciones, acentuadas por el tintineo de unos cascabeles amarrados a sus tobillos de tan blancos casi rosados, volteaba a ver a Ángel: estaba embelesado y sus pupilas chorreaban amor y deseo. No pude evitar burlarme de ambos. Esta sensación era la ventana que tanto había estado buscando. Afuera del teatro, respiré hondo y con todo aplomo pude negarme a acompañar a la familia X. a una comida para festejar el triunfo de su hija mayor. A pesar de las insistencias de Ángel no fuimos. "Ve tú si quieres, yo tengo que estar a tiempo en mi casa porque justo hoy es el cumpleaños de mi abuela." Fue imposible sacarme de mi negativa. Ya no recuerdo si abordé solo el metro o si Ángel estaba conmigo.

Nunca supe si Ángel había seguido frecuentando por su cuenta a la familia X. Yo no. Cada vez que me los encontraba por el rumbo trataba de hacerme el tonto o los saludaba de la manera más fría posible. No había impostaciones en mi comportamiento. Así era como me salía el saludo: del pozo oscuro del alma. Años después me encontré con Jimena, la hermana menor de Cecilia, en la papelería del Toro Cebú. El Toro había muerto uno o dos años atrás y su esposa había empequeñecido hasta casi desaparecer de la faz de la tierra. Era curioso verlos caminar juntos en la calle de Gutiérrez Nájera. El Toro era alto y erguido, como un roble; en cambio su esposa era una chaparrita que comenzaba a notársele una joroba prematura. Con su pelo negro teñido, esta mujer insignificante sobrellevaba las atmósferas cada vez más opresivas de la osteoporosis con un estoicismo admirable. Sabía de sus quejas por mi tía, Tachis, quien estaba enterada de todo lo que ocurría en la cuadra. Nos contaba a mi madre y a mí que una joven tenía que visitarla en su casa todas las tardes, para darle unos masajes en las piernas y en las manos y evitar con ello los dolores de la artritis. O sea que aparte de joroba, la viuda del Toro Cebú también padecía artritis. Lo más seguro es que el Toro fuera estéril y su mujer sólo padeciera los estragos de una sexualidad postergada para siempre.

Jimena se encargó de la papelería después de la muerte del marido cebú y la enfermedad cada vez más acusada de la señora, quien milagrosamente había sobrevivido a aquel hombre aparentemente fuerte y sano —pero estéril. Cuando la vi detrás del mostrador no pude creerlo. Jimena nunca fue muy inteligente pero una papelería era el colmo. El colmo y no, porque los dones físicos de la muchacha con el tiempo acabarían por compensar su falta de talento. No recuerdo ahora qué era lo que iba a comprar. Hacía años que no me paraba por ahí. La vi detrás del mostrador y con trabajos la reconocí. Se había transformado en una mujer en toda ley. Era incluso mucho más promisoria —más sobria y maliciosa— de lo que había sido su hermana en esa edad. Le dije que iría al día siguiente, nada más a visitarla y ver cómo estaba, pues parecía un poco aburrida dentro de esa tienda poco iluminada. No volví al día siguiente, quizá para no repetir la misma historia. Jimena era mucho más atractiva que su hermana y estaba más sola. Eso la convertía en una aventura más peligrosa. Pasaron los días y no volví a cruzar a esa esquina. Jimena y yo no nos hemos vuelto a ver desde entonces.

III.

Ángel había empezado a estudiar alemán, primero por su cuenta y ya después en el Instituto Goethe. Quería leer a Thomas Mann y tenía un libro de Schopenhauer sobre su irónico escritorio, *Parerga und Paralipomena*. Su hermano Manuel había dejado atrás las migrañas y ahora era un joven común y corriente, casi por completo desentendido de la ambición de tocar el oboe. Por su aspecto físico desagradable, Manuel era más parecido a su padre que Ángel. Al revés de su hermano menor, éste último había ampliado los horizontes de su sensibilidad. No sólo seguía interesado en la química, la medicina y la literatura; también se interesó por las lenguas, las etimologías, la astronomía, la física. Con temor creciente, me daba cuenta de que había en Ángel un genuino *polymath* —un término inglés que supera con mucho el de un supuesto "humanista" posmoderno. Sus intereses y los derroteros de su incipiente cultura científica y artística no eran el producto de imitación alguna. Era diestro con las fórmulas químicas y las ecuaciones matemáticas, y al propio tiempo admiraba las cualidades sintéticas del latín, a la que consideraba, como al alemán, una lengua "chingona". Había en él una natural escisión de temperamentos. Siempre pensé que si Ángel hubiera nacido en el entorno indicado para desarrollar su potencial y darle rienda suelta a sus curiosidades, otra hubiera sido su historia.

Recuerdo que por esas fechas visitamos una exposición de pintores impresionistas franceses en el palacio de Bellas Artes. Había cuadros de jarrones con flores moradas de Van Gogh, catedrales francesas derritiéndose en la percepción acuosa de los ojos de Monet y un cuadro de Matisse que representaba una *extraña* escena intimista.[2] Una cómoda inofensiva soportaba leve-

[2] Estábamos enfrente de un genuino cuadro de ideas, que por su solución plástica estaba asociado a los juegos visuales y semánticos de las pinturas de Magritte o a las ficciones metafísicas en los

mente un florero, y encima de estos dos objetos inertes había un espejo con un marco dorado. Los colores eran vivos y la luz era la de pleno mediodía; sin embargo, sobre la superficie tersa del espejo no se reflejaba absolutamente nada. El pintor había puesto, en lugar de los ecos reflejantes de una realidad extrapictórica —como hubiera sido el caso en Velázquez—, una plasta uniforme de color negro. Yo pasé de largo, sin detenerme a reflexionar en el misterio que Ángel señaló con una mirada introvertida y penetrante. "¡Ya viste!", me dijo, reparando en lo negro del espejo. "*Es* extraño." Ninguno de los dos dijo nada más. Caminamos al metro, después de haber pasado por una librería mal surtida que entonces se encontraba arrinconada en el ala poniente del palacio. Esta vez Ángel no me acompañó a mi casa. Cada quien abordó su vagón, en andenes opuestos, y respiró aliviado de no tener que soportar ni un minuto más la presencia de un testigo incómodo.

Esa misma noche, Ángel escribió en su Diario una página que nada tenía que ver, en apariencia, con nuestro recorrido por las salas del museo aquella tarde.

---

cuadros de De Chirico. La presencia del negro en un contexto en el que la concatenación lógica de los colores y la luz exigían el blanco, traicionaban las expectativas del espectador. Quizá, como me sugirió Ángel en el pasillo del museo, se trataba de la cara opuesta del espejo. ¿O el espejo no era un espejo?

Vi un programa sobre excavaciones en Siberia en busca de restos de mamutes. Resulta que un explorador francés viajó a una población llamada Katanga, en Siberia, para desenterrar un bloque de permafrost donde se hallaba el cuerpo dizque entero de uno de esos mamíferos que habitó la tierra durante la Edad de Hielo, un pariente del elefante que pesaba el doble de un elefante y medía el doble de un ser humano. La excavación duró dos años. Esto me hizo pensar en los libros de viajes que he leído, sobre todo el Arthur Gordon Pym, *uno de los relatos más magníficos que existen. Pensé también, curiosamente, en mi final. ¿Cómo será mi final, pues todos, estamos de acuerdo, tendremos un final?*

Vinieron unos tíos a pasar la tarde con nosotros. Hubo tragos. No pude resistir la tentación que me persigue hace semanas: el Oso Negro. Sin darme cuenta, y seguramente al calor de la plática con mi tío, me terminé una botella yo solo. Entonces ocurrió un fenómeno extraño; las fronteras entre la realidad y el sueño se borraron gracias al estado de embriaguez alcohólica. Estaba oyendo un disco sentado sobre el borde de mi cama, el Concierto para piano *de Robert Schumann con Alfred Brendel, cuando sentí un poco de sed en razón de una cruda prematura. Me levanté a la cocina. Al cruzar la línea que divide la cocina del comedor, a unos sesenta pasos de mi cama, me encontré a mi tío, quien me saludaba como si no me hubiera visto en todo el día. Estaba sirviéndose un vaso de vodka, que me ofreció enseguida. Me percaté de que traía puesta una camisa de cuello redondo, de algodón, que en el pecho tenía estampada la etiqueta de Oso Negro: el grizzly medio ciego, a punto de pararse en sus patas traseras y comenzar a gruñir, enmarcado por un círculo rojo perfecto. Sentí vértigo. Me levanté esa madrugada con la frente perlada por las gotas de sudor. Parecían un ejército que esperara órdenes sobre las dunas de mi frente. El pelo también lo tenía empapado. Sentí una fuerte opresión sobre los hombros, y no podía mover el cuello. Me asfixiaba. Toleré unos segundos que me parecieron eternos en esa posición, hasta que pude levantarme e ir a la cocina por un vaso de agua. No estaba mi tío y tampoco había rastro de vodka. A esas horas mi padre se levanta siempre a cenar algo. Notó en mi rostro pálido que algo me pasaba y puso toda la palma de su mano sobre mi frente para ver si tenía fiebre. 39 grados y medio. A pesar de no haber estudiado psiquiatría, mi padre comenzó a administrarme a partir de entonces unos antidepresivos. El tratamiento duró cuatro semanas. Tuve que dejar el hábito del vodka.*

El silencio es obsequioso —y suele serlo de manera muy incisiva.

Al día siguiente, Ángel Mellado subió a mi salón en uno de los descansos reglamentarios de quince minutos para mostrarme esa última línea escrita con lápiz en una página aparte, en el cuaderno de forma francesa que había elegido para su Diario. Estaba orgulloso de haber logrado lo que a mí entender era un análisis lapidario de lo que había ocurrido en el museo: el espejo negro y el silencio formaban parte de una analogía acuciosa y equívoca, porque no sólo se refería al cuadro que habíamos visto en el museo, sino a la relación que se había establecido entre él y yo: nuestros silencios, que ahora eran de lo más frecuente, se habían afilado tanto como dos cuchillas.

Leí sin leer, recargado contra el barandal del tercer piso. Los cuerpos de los demás compañeros iban de un lado a otro, como fantasmas o camellos en el desierto del Sahara, en dirección casi siempre a las escaleras que se encontraban en las esquinas este-oeste de un edificio que miraba al poniente. Eran unas escaleras amplias y al descubierto, como si todo el tiempo se tuviera prevista una emergencia. Cuando ocurrió el temblor del ochenta y cinco, mi hermano mayor, quien me aventaja por tres años y se encontraba entonces estudiando el cuarto grado del bachillerato, me contó que éstas se bambolearon como árboles de hule, siguiendo un movimiento autónomo, al revés incluso de la masa del edificio, que seguía un ritmo de derecha a izquierda mientras que las escaleras, amenazando con desmoronarse aun después de haber concluido el sismo, se meneaban de izquierda a derecha. Sentí vértigo. La franqueza de Ángel había comenzado a fastidiarme; el trajín de los compañeros comenzaba a marearme, y el sol pegando justo encima de la cabeza y el hambre que da entre las doce y media y la una acabaron de exasperarme. Tenía sed. "Me gusta la forma en que la memoria y la reflexión se mezclan en una sola materia *descriptiva* —le dije, ensayando mi arrogancia—, pero también advierto cierta inconsistencia, a pesar de la ilación compactada de las ideas. Los escritores que se ponen bajo la sombra de una emoción artificiosamente articulada me saben a mierda." Con esta última frase miné por completo su entusiasmo, enterrándole el puñal de la desconfianza. No tardé en sentirme culpable. Había en mí una rabia soterrada a la que no podía darle rienda suelta por no estarme oculta su naturaleza ilegítima, envidiosa y miserable. Antes de haber concluido el descanso me retiré a la soledad de mi asiento a tratar de reponerme. En el fondo, sabía que la sola presencia de Ángel había comenzado a abrumarme. Había llegado el momento de separarnos de nuevo.

IV.

Mientras estuvo ausente, Ángel se inventó un pseudónimo, *Ángel Kahnweiler*, y se enamoró de Julia.

Julia no era mucho más interesante que Cecilia, pero estudiaba administración de empresas en la universidad. Para verla, Ángel sólo tenía que atravesar el patio en las horas libres y sentarse a tomar con ella y sus amigas un café o un refresco en una de las mesas de la cafetería consagrada a la ostensible madurez de los universitarios. (Los edificios de las facultades y el de la preparatoria estaban juntos en el mismo predio, que entonces empezaba a ejercer sobre sí mismo la violencia de una posmodernidad educativa entendida en los términos de un mural de Felguérez adosado a uno de los muros del auditorio "Adrian Gilbert", y una fuente con unas estructuras metálicas que hacían aún más patético el ruido del agua cayendo sobre un fondo de azulejos.) El nombre de Julia tiene, para mí, un exceso de testosterona en sus sílabas. Quizá se deba a la falta de costumbre entre nosotros de encontrarnos con más Auroras, Lauras o

Luisas que con Julias. El caso es que aquella Julia tenía una dosis fuerte de masculinidad en su físico; unos hombros demasiado cuadrados quizá, las piernas ligeramente arqueadas al momento de caminar y las caderas demasiado estrechas (ilusión que aceleraba en la conciencia del espectador el uso indiscriminado de unos blue jeans y unos zapatos de tacón bajo que casi siempre eran unos tenis de lona). A pesar de su porte atlético, Julia tenía el pelo largo y lacio y sus ojos verdes estaban enmarcados por unas cejas muy espesas. Sus ojos brillaban las pocas veces que ella sonreía, pero este brillo de coquetería se veía opacado de inmediato por sus labios poco carnosos que ponían al descubierto unos dientes blancos de conejo que ha tomado mucha leche en la infancia. Ángel, a pesar de mi descripción un tanto desfavorable de la muchacha, se enamoró de Julia. En el principio no me imaginé hasta qué punto, pues el episodio con Cecilia y su familia estaba relativamente fresco en mi memoria.

Nunca supe mucho de Julia. Ángel fue sumamente reticente conmigo. Nos veíamos poco, sobre todo porque ahora su interés estaba con esa muchacha y yo, tomando en cuenta la experiencia de hacía unos meses, había tomado la decisión de no inmiscuirme para mantener a raya el espíritu perverso del Divino Marqués.

Julia tenía un "amigo" a quien parecía favorecer por encima de Kahnweiler. Este amigo se llamaba Enrique, y entre ellos se había instaurado un triángulo enfermizo que a diario debilitaba los nervios de mi amigo. Yo no podría reconstruir sino falsamente el paisaje mental que significó en la experiencia de mi amigo su relación, finalmente malograda, con Julia de no ser por las páginas de su Diario y algunas cartas que él más tarde puso en mi poder. Como si se tratara de una herencia o de un presentimiento compartido.

Las cartas formaban parte de un cuaderno que a la postre debía convertirse en una historia "natural" de su propio autor. Una parodia entre divertida y melancólica de lo que le había ocurrido recientemente y que sólo mediante la escritura podría aprehenderse para conferirle un carácter menos temporal. O menos datado por la secuencia de los hechos. No una autobiografía *strictu sensu*, sino un recorrido por aquellas zonas poco iluminadas en la vida de cada quien que por desprecio o por simple desdén nunca salen a la luz. "Por qué ocurren estas cosas", se quejaba amargamente Ángel Kahnweiler, "cuando son precisamente ellas las que encierran la sustancia definitiva de una vida".

Una vida como la suya, debió agregar. Kahnweiler estaba muy influido entonces por la teoría de Los Pasajes de Benjamin, y quería darle a sus memorias ese "corte" reflexivo y naturalmente erudito. Había en todo este proyecto una discusión velada sobre lo *natural* que el conocimiento puede parecer en relación con el ser humano (el "gnomo", decía Kahnweiler, que percibe y acumula, en las afueras del Paraíso de los Perplejos).

Otra página del Diario

Cuando entras al misterio de una mujer, no hay nada que decir; todo se vuelve deslumbrante, inarticulado.

Pienso esto último porque, en mi pobre experiencia, los hombres todo el tiempo estamos fantaseando sobre el misterio real de las mujeres —su cuerpo. Y las manifestaciones del cuerpo en su estado virgen, o intocado, pueden ser varias. La escritura y el silencio son dos de ellas.

Debo decidirme a llamar a Julia tarde o temprano —sé que más vale llamar. Me imagino sin dificultades su reacción. ¿Julia?, habla Fulano de Tal. Te llamo porque… —Sí, está bien, eso hacemos… O —Sí, ya sé, pero no puedo. Y como es mujer de padre español de pueblo, no añade más. Se cuelga el teléfono. Una sensación de falsa amargura en el paladar del ser.

Los ruidos del agua, cayendo como agujas sobre la ventana de mi cuarto, me ponen delante de los apetitos primitivos del hombre. ¿Por qué? Quizá porque esos golpes inexplicables me dan miedo. El miedo —es extraño— te hace desear tener sexo, pero no en un primer movimiento, sino en un segundo, desesperado movimiento.

Algo hay de siniestro en una lluvia lenta, acompasada, que no acaba de caer. Algo hay de siniestro y, quizá, también algo hay de terrible. ¿Será porque no la entiendo? No puedo descifrar el caer constante de las gotas ni su resonancia sobre las ventanas, que más que las ventanas parecen las ventanas de mi propia mente. No saber qué hay detrás, no saber lo que algo dice, me pone la carne de gallina.

"Cuando te sientas cansado de una vana persecución, siéntate en el borde del camino, y espera a que aquello que has perseguido acabe por venir a ti."

Nunca como entonces sentí tanta piedad por mi amigo. Hacía tiempo que había dejado atrás los Brandenburgo y ahora se hallaba instalado en los estudios completos para piano de Scriabin. Una metamorfosis radical se había operado en su carácter, el cual cada vez me resultaba menos descifrable. El yugo aquel que nos había unido en un principio se había desvanecido por completo y yo me había convertido en su escucha. Era como una pared sobre la que podía rebotar sus palabras y sus pensamientos, no tanto como un eco sino como una pelota. A mí, debo añadir, no me disgustaba esta opción, la cual me permitía esconderme, censurar y departir. No tenía mejor amigo que Kahnweiler y ésta era la única manera de conservar su amistad.

Caminamos por el Centro y platicamos con la misma confianza de hacía unos años. El rumor de las cinco de las tarde en los días de verano siempre me ha fascinado. La ciudad se escucha distinta a esa hora del día. Si hay suerte, puede haber una que otra nube recortada sobre un fondo azul. En eso reparábamos cuando nos fastidiamos de estar sentados en la placita que está justo enfrente del Palacio de Bellas Artes. Nos metimos en la que entonces era la librería de la galería Misrachi y nos pusimos a ver los libros. Por una escaleras de caracol, subimos al tapanco que estaba encima de los libros, a una altura suficiente para extinguir cualquier conato de sofoco, y descubrimos la galería de arte. Al fondo, detrás de un escritorio, había una muchacha espléndida, de unos quince años, abundante en carnes que dejaba al descubierto una minifalda que portaba con despreocupación y gracia. Ángel de inmediato se quedó prendado de ella. La siguió con la mirada durante los diez minutos reglamentarios. Se presentó con ella; me presentó. La muchacha de la minifalda pasó de la indiferencia a la curiosidad. Su físico pródigo en detalles carnales tenía mucho en común con el recuerdo que ambos guardábamos de Cecilia. Pero aquélla había sido una época distinta, sin Scriabin. Ella se despidió muy pronto para volver a instalarse detrás de su escritorio de madera barnizada de caoba, donde escribía cartas.

12 de enero

Querida J.

Amanecí agripado y decidido a no ir a la universidad (así es que aquí estoy, escribiendo esta larga crónica marciana), y todavía acostado en mi cama busqué imágenes que pudieran descifrarme mi estado de ánimo. Cerré los ojos y vi un pasillo circular de mármol blanco por el que avanzaba para subir en círculos espirales a otro piso que no era sino la continuación de ese pasillo iluminado. De pronto me daba cuenta de que se trataba de una pirámide invertida bastante alta. Pero la estructura circular cesaba. Y llegaba a un mirador desde donde podía ver un bosque y más allá del bosque verde, la intuición del mar. (Rumor de olas, un azul marino mezclado con las estrellas multicolores que produce el choque de la atmósfera con la arena dorada.) No había sin embargo posibilidad de retroceder y bajar. El encanto quizá también desaparecería si me viera de pronto en el bosque o en el mar. Así es que lo mejor era detenerse a mirar esos dos paisajes inevitablemente lejanos. La conciencia del sueño estaba encapsulada dentro del mismo sueño.

Todo esto es absurdo. Quizá podamos encontrarnos en algún sueño. ¿Por qué no cerramos los ojos al mismo tiempo y probamos?

Recibe todo mi afecto,

A.K.

Ángel Kahnweiler se convirtió en un asiduo visitante de la galería Misrachi, donde de vez en vez se encontraba casualmente con aquella joven que parecía estar bastante dispuesta, aun a pesar de su estadio intermedio entre la voluptuosidad y la gordura. Para Kahnweiler, quien no podía evitar sentirse atraído por los extremos, ésta era la situación ideal. De alguna manera, en estos lugares intermedios del cuerpo y del espíritu se encontraba el verdadero justo medio del que tanto se habla cuando se habla de la filosofía aristotélica. La carne sólo puede ser generosa y firme en un momento dado de la existencia. Después, inevitablemente, se opera un descenso. Si esto se observa en todos los ámbitos del ser de los hombres, se encontrará la medida exacta de la juventud, de la cual hemos tenido en todas las épocas una percepción espuria, o maniquea. Teñimos la experiencia de nostalgia, y es aquí donde se encuentra el error.

Ángel Kahnweiler me contaba de sus encuentros con aquella muchacha de la galería con una ironía jocunda. Eran anécdotas que no había que tomar en serio; bastaba con la sensación de la aventura. Yo le pregunté a Ángel Kahnweiler si alguna vez había besado a una mujer. Se le iluminó el rostro y me empujó poniendo la palma de su mano en contra de mi hombro. Se burlaba a corazón batiente. Cómo creía yo que no. La primera vez había sido con la muchacha. En casa de sus padres, antes de mudarse a la residencia de los Mellado en Gasolina, su mamá había tenido una muchacha. Manuel era todavía muy chico y ya no se acordaba. Sus padres los dejaban solos, en sus salidas al cine o a los toros. La muchacha se quedaba a cuidarlos. Ángel Kahnweiler jugaba con ella a esconderse en el clóset o a bañarse. No tenía más de doce años cuando tuvo a la sirvienta para jugar con su cuerpo desnudo. El episodio, sin embargo, no pasó a mayores. Ángel Kahnweiler recordaba la escena de su rito de iniciación sexual aguzando la mirada, como para asomarse mejor al pasado, empequeñeciendo sus ojos, frunciendo el entrecejo. Después de estos períodos yermos estallaba en una carcajada munífica y respondía a mis preguntas franco, como era él en la superficie y en el fondo.

Pero el comportamiento de Ángel Kahnweiler, como el de todo el mundo en realidad, obedecía a una serie de códigos secretos y la mayoría de sus acciones siempre me estuvieron veladas. Él siguió escribiendo cartas para Julia, y siguió estando preso de ese absurdo triángulo amoroso.

16 de enero

Querida J.

Me asombra que me digas que me he vuelto poco comunicativo por teléfono, siendo que recibes de mi parte, al día, no menos de cuatro llamadas. Quizá me he vuelto incomunicativo conmigo mismo (sé que las abstracciones cuando vienen de mi parte no te gustan o simplemente te parecen inverosímiles, pero así es). Supongo que me encuentro en un momento de euforia que ha eclipsado la oscuridad en la que se hayan sumidos mis sentimientos potenciales, es decir, mi manera atónita de percibir el mundo. Siempre, creo, percibimos el mundo como algo potencial: es como si viéramos las cosas desde la perspectiva del deseo, de lo que quisiéramos que fuera y que por una u otra razón no es. Yo quisiera que algo fuera y no me he puesto a coleccionar los objetos sentimentales suficientes para descifrar el significado más aproximado del paisaje que está en ciernes. Qué raro: hoy escribo de manera muy diferente a la de ayer, siendo ayer más claro. Mi temperamento va y viene entre la claridad y la oscuridad al escribir. A veces más diáfano y más lento, otras más oscuro y más rápido. Pero las palabras fluyen y no quiero evitar su flujo. Estuve durmiendo y soñando. En el último de mis sueños el personaje era Rafael Baledón y una mujer no negra sino más bien de piel morena, cobriza, bronceada, que era disputada por aquél y otro personaje, éste sí francamente negro, de esos que tienen el pelo rizado en el pecho, que son dizque enigmáticos y perversamente caballerescos con las mujeres. Este negro estaba sentado a la mesa con la mujer morena. Llevaba una camisa de algodón que él decía era blanca, pero a la distancia parecía negra. Si uno miraba de cerca entonces se daba cuenta de que era una camisa con dos series de franjas horizontales, unas blancas y otras efectivamente negras. Estaban comiendo papas con carne. La mujer acabó de comer sus papas y el negro le ofreció más. Ella declinó la oferta pero el negro empezó a darle papas de su plato, tomándolas con el tenedor y dejándolas en el plato de la mujer con sumo cuidado. Esto era una especie de ofrenda o de momento simbólico que significaba el destino, el cual, aunque intentemos sustraernos, siempre termina por atraparnos en sus brazos seductores. Y la seducción no está exenta de asco. La mujer en realidad estaba enamorada de Rafael y a juzgar por su actitud y la forma en que se desenvolvía la comida, ambos había pasado un tiempo indefinido sin verse. Pero finalmente la espera era compensada con una mirada idílica. ¿Cuántos amores podemos tener en el transcurso de una vida, es decir, el sentimiento magnífico y abarcador de estar con la persona indicada en el momento indicado? Las circunstancias se repiten y la aspiración es una sola. Todo el tiempo vamos en pos de la misma cosa, y al final del laberinto uno se encuentra con la imagen de uno mismo dibujada en un espejo extraño, conmovedor e inapelable. Entonces, supongo, se resuelve la pregunta de ¿qué es esa cosa de la que vamos en pos?

Escribo mientras un rayo de sol, antes de las siete de la mañana, le pega de frente al cuerpo blanco y cilíndrico del bóiler, más allá de la ventana de mi cuarto. Es como una hendidura del día que se manifiesta en la conciencia blanca de ese cuerpo impávido.

A.K.

Tengo algunos papeles de Kahnweiler guardados en una caja, en el ropero de mi casa. ¿Por qué me los dio? ¿No fue esto una manera de encender en mí la cólera que me producía su talento de aquellos años, envolviendo el obsequio en un aura especial de veneración y amistad? Es probable. Al principio me irritaba sobremanera y me lastimaba ciertamente pensar cómo nuestra amistad había descrito una curva perversa: de la admiración y la devoción por mi forma de ser y mi carácter se había pasado en Kahnweiler a un deseo de aniquilamiento; lo que yo hacía él podía hacerlo mejor, y qué más prueba que los hechos para demostrarlo. Ángel Kahnweiler le prestaba mucha atención a sus sueños. Las metáforas y los símbolos que aparecen en ellos lo intrigaban y se puede decir que eran el fundamento de sus escritos. Había en esto una reflexión implícita sobre los alcances y los mecanismos de la imaginación. También creo que Ángel Kahnweiler entreveía una relación secreta entre el sueño y la realidad real. Es verdad que se trata de un lugar común, pero es innegable que esas filtraciones existen. Disfrutaba mucho, ésa es la verdad, contándome sus sueños, que abundaban en murallas y bosques iluminados en la noche por el resplandor de la nieve. Cuando leímos la *Ilíada* en la preparatoria, recuerdo que llegó un día a decirme que había soñado con ella. "He soñado la *Ilíada*", me dijo, con los ojos bien abiertos, como mirando todavía el campo de batalla y la lanza de Aquiles. Yo lo miraba estupefacto porque a mí no me ocurrían esos sueños. Tampoco las lecturas arrastraban consigo esa clase de influjos. En el fondo, para mí también era un deleite escucharlo.

"Un día", me contó, "fue a visitarnos a la casa una prima de mi madre a la que había conocido desde chica. La pasamos bien suave escuchando música y comiendo unos buñuelos con azúcar que nos preparó La Bola. Manuel esa tarde tuvo migraña y se fue a dormir al cuarto de La Bola. Mi prima y yo nos quedamos platicando y escuchando música. De la niña que había sido ya no quedaba ni un vestigio. Era hora de dormir y le dije que se quedara en la casa. La pregunta de que dónde dormiría la resolví rápidamente diciéndole que en mi propia cama. En un principio ella dijo que no, pero después aceptó quedarse conmigo con la condición de que no hubiera sexo entre nosotros. 'Pero no se vale coger', me dijo. Se durmió con una prontitud asombrosa a pesar de la cercanía de mi abrazo, y ambos tuvimos un sueño profundo. Recuerdo esa noche como una de las más tranquilas. Soñé que estábamos en una fiesta en el campo. Había muchos amigos y un desfile: una mujer muy distinguida caminaba agarrando de la mano a un niño pequeño y de pelo rubio; éstos marchaban al frente de una comitiva de unas diez o quince personas más. Pero yo tenía que irme. Salí de la propiedad y pronto me di cuenta de que no era el campo sino un jardín que estaba en Coyoacán. Caminé a una tienda *delikatessen* que estaba, y está en efecto, en la esquina de Francisco Sosa y Tata Vasco. Antes que yo había una joven de unos quince años, con su hermana y un solo dependiente atendiéndolas. El señor se tardaba mucho en despacharla, a pesar de que no estaba pidiendo muchas cosas. Mientras tanto, yo veía los vinos, los jamones y el *gruyère*. Lo último que la muchacha pidió fue jamón serrano. Después de cortar de la pierna entera y de tardarse un rato inexplicable, el hombre de repente sostenía una tira enorme de jamón serrano. La rebanada era tan grande que un ayudante tenía que ayudarle a sostenerla del otro extremo. Para envolverla en una hoja de papel de estraza, el ayudante cortaba con un cuchillo una parte del jamón, mientras que el dependiente cortaba en el extremo opuesto con sus propios dientes. 'Así es más fácil', decía, 'y así es como debe hacerse'. Aunque ya me tocaba, no esperé mi turno y seguí mi camino. Estaba en Coyoacán, pero en vez del empedrado de Francisco Sosa había llanos y praderas que podían otearse a la distancia. Caminando al lado de una cerca de madera recordé que había pasado por allí en otro sueño; di vuelta a la derecha justo al final de la cerca y vi un corral con dos vacas lecheras y una mujer al fondo que estaba afanada sobre una especie de lavadero de cemento. Recordé que en este lugar se empaquetaba un tipo de trucha salmonada que se vende en los supermercados y que se prepara en trozos mezclados con mayonesa, y la mezcla finalmente se embarra en unas galletas saladas. Ella me recibió diciéndome: 'Ya le he dicho antes que aquí no puedo venderle el pescado, que no tengo las condiciones suficientes de higiene para poder realizar la venta.' Mientras ella me daba sus razones yo miraba alrededor: había una bolsa de plástico tendida en un mecate donde ella podía meter el filete de color rosa; pero no insistí. Recordaba perfectamente haber estado en ese mismo sitio, pero lo más curioso es que recordaba haber estado allí *antes*, en un otro sueño no muy distinto del de ahora. Un sueño dentro del sueño. No era la primera vez que me pasaba. Siendo niño soñaba seguido que en una parrilla para asar pollos se asaban ratas y armadillos que no eran precisamente para comer sino para infundir miedo a los presentes. También soñaba que despertaba, me levantaba de la cama y me dirigía al baño. Pero al poco rato me daba cuenta de que seguía dormido y no me había desplazado ni un milímetro de mi posición original. Entonces se despertó mi prima. Había dormido en el cuenco de mis brazos, yo desnudo de la cintura para arriba, sintiendo solamente los latidos de su piel y acatando las reglas que ella graciosamente nos había impuesto a ambos. Mi prima era muy blanca, una güera de rancho cuyos modales algo tenían de *country* y menonita. Era fuerte como una vaca lechera. Se levantó y se bañó con agua fría. Después La Bola nos preparó un desayuno: huevos con frijoles refritos y tortillas. Después de desayunar, se puso de nuevo su overol y se despidió de mí con un beso húmedo en la mejilla."

22 de enero

Querida J.

Hace tiempo que no escribía nada. Esta vez, le tocó el turno a un poema. Quizá te parezca incomprensible: lo escribí después de haber estado leyendo un poema de Robert Browning sobre una tal Evelyn Hope: habiendo muerto una joven de diecisiete años, ante su féretro, un hombre mayor se lamenta de que con la vida de ésta se haya ido también la posibilidad del amor. Suena tremendo pero no lo es. El genio de Browning (el poeta inglés del siglo XIX) consiste en derivar de temas graves poemas jocosos, divertidos, divergentes y muy innovadores. La mayor parte del tiempo yo mismo no sé lo que está diciendo. A Browning lo dominaba un prurito de forma y ritmo. Sus palabras adquieren sentido en la desproporción semántica y en la proporción musical de cada una de sus estrofas.

Aquí no he tratado de emularlo. Tampoco he querido decir nada grave ni jocoso; más bien he buscado materializar los sentimientos de una tarde, cuando el cuerpo le es sensible a la luz, a los sonidos de la calle y a la amenaza del tiempo.

También quise apresar el misterio y la sonoridad de dos nombres: el tuyo y el de Beatrice Portinari.

Recibe esta carta junto con todo mi aprecio,

A.K.

V.

Spruce bachelors looked sidelong at the pretty maidens, and fancied that the Sabbath sunshine made them prettier than on week days.

HAWTHORNE, "The Minister's Black Veil"

El sábado es el día más grato de la semana, del mes y del año. El cielo, por razones extrañas, se me aparece mucho más límpido que el de cualquier otro día de la semana; las copas de los árboles gozan de un brillo y de un color distinto, mucho más armónico con el temperamento tranquilo que me envuelve todas las mañanas en que no hay la obligación de ir a trabajar, y el sol, el sol cubre de una manera diferente la pared del edificio gris de enfrente, con el que me encuentro cuando salgo a comprar agua embotellada a la tienda de autoservicio que está a unas cuantas cuadras de mi casa.

Esta vez no fui precisamente a comprar agua embotellada a esa tienda de autoservicio, sino a desayunar con Alberto, a quien conocí hace unos meses cuando trabajó como eventual para la imprenta en la que presto ahora mis servicios. Al final de nuestra conversación en el café de chinos donde tomamos el desayuno, Alberto me preguntó por lo que estaba escribiendo ahora. Le conté de mi libro y uno que otro pormenor de la historia de Ángel Mellado, de cómo había comenzado una amistad entre nosotros que se había transformando en una competencia y, finalmente, en un combate sobre un mundo donde sólo había cabida para uno de los dos. Para ilustrar esta idea le conté una anécdota que no está contenida en las páginas precedentes y que ahora quizá haya llegado el momento de contar.

En el segundo año de la preparatoria, que en realidad es el quinto del bachillerato, los alumnos tenían la obligación de inscribirse en un taller que podía ser o de pintura o de redacción o de oratoria, hasta donde recuerdo. Yo, como era natural, me inscribí en el taller de redacción que impartía, como más tarde llegué a enterarme, una mujer. Amelia había rebasado los treinta y cinco años cuando nos conocimos. Había amargura y hartazgo en su rostro y en sus huesos, y eso la hacía ver más grande de lo que seguramente era.

El primer ejercicio consistió en escribir un cuento. El encargo ocurrió un martes. Los siguientes días de la semana para mí fueron atroces. Desde que salí del salón de clase aquel día soleado estaba pensando en lo que entregaría una semana después. No se me ocurría nada, como tampoco se me ocurrió las tardes y las noches subsiguientes en que bajé al comedor de la casa, con unas hojas en blanco y unos lápices para escribir lo que sería un cuento que nunca llegaría. Desde aquella fecha me impuse como regla literaria hacer evidente a los demás mi genio. Y como era de esperarse, el cuento nunca llegó. El día de la clase los alumnos más babosos o que tenían el interés de un simio en la literatura entregaron sus trabajos, y algunos de ellos fueron elogiados sin rebuscamiento por la maestra. La infamia se me subió al rostro y me inflamó las mejillas al punto del rubor.

Al final de las clases, cosa común, unos cuantos alumnos nos reuníamos alrededor del escritorio de la maestra para cruzar con ella palabras más personales de lo que permite una clase. Me quedé al último y acompañé a la maestra hasta la puerta de la escuela. Ya en la calle me preguntó si no quería comer algo. La acompañé a un restaurante que estaba no muy lejos de ahí. Ella pidió una hamburguesa y un refresco. Yo pedí lo mismo. Estando ahí sentados, en la barra, Amelia me dijo con una violencia que no esperaba en ese momento: "Una cosa sí quiero decirte: no creas que conmigo se va a repetir la típica historia de la maestra y el joven alumno del taller de redacción. No voy a seducirte." Más que un balde de agua fría, sus palabras así expresadas fueron como una astilla de metal insertado en la carne de una hamburguesa mal cocinada. Este comentario de Amelia abrió una puerta en nuestra relación cuyo destino estaba escrito en las estrellas.

Seguimos viéndonos todos las martes a las dos y media y a veces la acompañaba a comer algo o a caminar por ahí. Una ocasión fuimos a Chapultepec. Amelia me llevó a un claro en el bosque, apartado de los demás transeúntes, y me contó la siguiente historia. Estando caminando distraída por ese mismo tramo del bosque, se topó con unos muchachos de esos que andan impresionando a los demás con sus patinetas. Por alguna razón, uno de ellos empezó a hacer piruetas para llamar la atención de Amelia. Se acercaba y se alejaba con la clara intención de hablarle. Finalmente consiguió su propósito y ella lo siguió hasta su casa. El muchacho de la patineta tenía quince o dieciséis años y vivía con sus padres. Como era de mañana ellos no estaban en casa. El muchacho de la patineta guió a Amelia hasta su cuarto y se dispusieron a hacer el amor. Las caricias empezaron a tornarse violentas. El muchacho se colocó encima de Amelia y se sentó en su vientre, tomando su cabeza entre sus manos. En esta posición le pidió una prueba de fidelidad. Esto era absurdo en el contexto de una relación que por más que se le buscase no estaba destinada a durar más de una tarde. Sin embargo, el muchacho se exasperó ante la duda de su compañera de cama. Su mirada se puso torva y de golpe le mostró a Amelia un defecto de su cara en el que quizás ella no había reparado. Uno de sus ojos era de vidrio y para no dejar lugar a dudas se quitó el ojo de vidrio y lo presumió entre sus dedos pulgar e índice.

Se vieron algunas veces después de ese episodio mitad grotesco, mitad erótico. Amelia decidió no volver a verlo pues el muchacho se iba volviendo dependiente con el tiempo. El ojo de vidrio y el comportamiento violento de su compañero no le incomodaban tanto como su dependencia. Estábamos en un rincón en un bosque, la luz mortecina de las seis de la tarde hacía nuestra presencia más opaca frente al tránsito de los demás, y el mensaje de Amelia me parecía insoslayable. Algo iba a ocurrir y yo no estaba preparado para eso. Una galleta que había comido media hora antes acabó de descomponerme el estómago y tuve que inventar algo para poder escabullirme de la escena del crimen. Me alejé a toda velocidad de ella, avergonzado de lo que había ocurrido y con la sangre en su punto de ebullición. Las fantasías comenzaron a rondarme en los sueños que venían con la siesta de las tardes. Me acostaba en la cama de mi cuarto, mirando las nubes blancas en los días de la primavera, y me ponía a imaginar el siguiente episodio en mi relación con Amelia.

Un sábado me invitó a visitarla a su casa, que también era su estudio. Ella, de una familia de escasos recursos, habitaba esa casa gracias a la buena voluntad de su padre, que se la había heredado en vida. Era de dos plantas. La planta baja tenía la sala, la cocina y el comedor. La parte alta tenía su recámara, y al lado de su recámara un cuarto amplio sin más muebles que un sofá cama y un atril con un cuadro en proceso. La cama vacía, cubierta por una cobija delgada de color sepia, me llamó la atención como un imán. Extrañamente, no me vi con ella acostado en esa cama que parecía cansada de haber alojado antes a tantos otros cuerpos. Tuve más bien la sensación de ya haber estado allí y de haber probado en otro momento esa cama y de haber respirado el aire caldoso de una tarde de sol cayendo a plomo sobre el techo de ese cuarto. Me fui media hora después, sin haber platicado con Amelia gran cosa. Ella tenía entonces a un novio fotógrafo con quien mantenía una relación enferma. Me contaba de sus pleitos en restaurantes de poca monta, y las noches en que ella había tenido que andar a solas en la calle, habiendo discutido con el novio y tomado cada quien su camino. Él a veces le llamaba por teléfono, pero sus labios permanecían inmóviles frente a la obligación de decir algo en los auriculares. Esto, me decía, era como si los teléfonos hubieran permanecido todo el tiempo colgados, mudos, en el buró de la sala de la casa. Otra de las figuras que se le ocurrían a Amelia a propósito de su relación con el fotógrafo era el de un edificio vacío, construido con dos escaleras a los lados y habitado solamente por los dos amantes a un mismo tiempo. ¿Qué ocurriría si los amantes, ubicados en pisos diferentes, comenzaran a buscarse? ¿Qué pasaría si nunca llegan a encontrarse?

Un día le conté a Mellado de mi relación con Amelia, la maestra del taller de redacción. Cuál fue mi sorpresa cuando me enteré de que él también asistía al mismo taller y que entre ambos se había dado una amistad, digamos, "peligrosa". El talento de Mellado para recrear sus sueños también había seducido a Amelia. Mellado se refería a esto con una sonrisa pícara en sus labios secos y un brillo provocador en sus ojos de cuervo. Yo había sido cauteloso con mi relato y omití los pasajes del bosque y de la casa con el catre vacío. Mellado fue menos sucinto y me contó que había estado en su casa varias veces. No quise saber más. Entonces comprendí aquel presentimiento mío frente a la cama de las sábanas cansadas: Mellado había estado ahí antes que yo, Mellado seguramente había tomado mi lugar en esa otra vida mía que era la suya y le había revelado a Amelia aspectos de mi personalidad y de mi historia que a ella la habían puesto en guardia y le habían permitido ser a veces imperceptiblemente irónica conmigo.

Con el final del año llegó también el final de esta sucesión de ciclos angustiosos en los que estaba involucrado con Kahnweiler, alias Mellado, o alias quién sabe. Una tarde, habiendo terminado el período preparatoriano, me encontré con Amelia en una de las bancas de un parque, en el Centro. Discutimos. El tema fue la literatura, y el ser del escritor en México. Ella se sentía una escritora malograda debido a la marginación de la que había sido víctima. Su posición, por lo tanto, no podía ser otra más que la de una pesimista. Yo estaba en el polo opuesto. Acepté el desafío de Amelia y todos los días he tratado de refutarla, afirmando que ser escritor en un país tan parco en oportunidades como el nuestro sí era posible. Debo confesar también que no he dejado de tenerle simpatía a su argumento. Y debo aceptar también que tácitamente le he dado la razón con cada uno de mis actos.

Epílogo de un 10 de marzo con retrato cubista de Kahnweiler

La manera en que el nombre de Julia suena en español siempre me ha disgustado un poco. Prefiero su sonido en inglés, Julia, mucho más incluso que en su versión francesa, Julie. Julia, como Julia Ormond, quien interpreta el papel de la mujer de Stalin en la película biográfica del dictador ruso. Es de noche. Mañana habrá que empezar a batallar de nuevo. Los nombres son lo que su sonido invoca en nuestras mentes, fijando una sola imagen en el panorama de la memoria. Todo lo que recuerdo ahora de Julia es una cabellera negra, que con facilidad rebasaba la frontera de los hombros; y las patillas largas, en un aparente descuido que se rizaba en círculos que podían llegar hasta las mejillas y bajar delicadamente rumbo al cuello. Esto era mejor adorno que unos aretes, o la flor blanca de un plúmbago.

≈

Ángel Kahnweiler debe tener entre 28 y 29 años. Sus poemas y sus cuentos aún siguen inéditos, y algo me hace pensar que jamás saldrán del triste cajón de su escritorio. La razón no es muy aparente que digamos. Tengo la teoría de que todos estos años he estado suplantándolo en la actividad que él desempeñaba con más brío, con más naturalidad y buen ritmo que yo. Me refiero a la literatura, al hecho simple y milenario de sentarse ante un escritorio o frente a una superficie plana y ponerse a escribir cuentos o poemas o novelas o comentarios críticos desprendidos de la lectura de cuentos, poemas o novelas o comentarios previos. Si Ángel Mellado o Ángel Kahnweiler hubiera publicado cualquiera de sus papeles, o si hubiera consentido en dedicarse a la literatura tal y como yo lo hice nueve años antes, entonces simplemente yo no existiría. Su decisión de no existir y cederme a mí ese territorio fue quizá la prueba última del pacto que sellamos tácitamente al comienzo de nuestra amistad. Todos estos años he estado usurpando un lugar que a él, por derecho propio, le corresponde. De cualquier modo, con el tiempo, a nadie importará quién haya sido el autor de todas estas líneas.

≈

Querida J.

En tu carta me hablas de tus sentimientos, que quisieras conocer los medios para cambiarlos o emanciparlos, pero que esto no es posible. En mi opinión, los sentimientos no se crean ni se destruyen, sólo se transforman. [En mi calle comienza a verificarse una especie de lucha de estéreos: U2, en las bocinas del vecino, y las sonatas para piano de Mozart en las mías.] No creo que debas preocuparte mucho por el particular; yo, por mi parte, he tomado la decisión de no reprimir mi deseo de escribirte y conversar de esta manera contigo. Hoy es domingo y como quisiera verte pero no me atrevo a llamar o a importunar, prefiero aporrear un poco el teclado de mi máquina de escribir.

Me siento como un corresponsal alejado en el tiempo y en el espacio del término a donde van dirigidas sus cartas. No sé si llegarán; no sé con qué ánimo serán recibidas y leídas; no sé, en suma, si vale la pena intentar.

Esta mañana, cuando se me vino al cerebro la iluminación de poner en palabras lo que el alba me estaba diciendo al oído, pensé en los olores, y en la importancia que tienen los olores para la generación de los afectos entre las personas. Un olor agradable puede hacer la diferencia y propiciar el acercamiento de los cuerpos. Cuando se habla de la "química" de una relación yo creo que la experta o el experto se refiere precisamente a eso: a una fórmula química particular que secreta el cuerpo (y que no tiene nada que ver con las fragancias de Cocó Chanel o de Paloma Picasso). El aroma crea una especie de habitación sensible que permite ir descubriendo y, en una frase, irse sintiendo "como en casa" en compañía de ese alguien. La última vez que nos vimos, no recuerdo cuándo, te pusiste justo enfrente de mí y pude oler tu pelo negro. No me pidas que te dé un diagnóstico clínico exacto de cuáles fueron los componentes de la fragancia que atravesó las ventanas de mi nariz, pero puedo decirte en cambio que el olor me pareció agradable (y familiar quizás). Hay una secreta relación entre los olores y el afecto que más vale dejarla así y no elucubrar mucho sobre el tema, que es de por sí difícil y errático (por lo involuntariamente cómico del asunto).

Ayer volví sobre el poema inspirado en parte en la lectura de "Evelyn Hope" de Browning. Debo confesar que me gusta más la carta que el poema; no sé por qué. La prosa cumple mejor con el cometido de expresar esa preocupación por el tiempo, el deterioro y el afecto que el ritmo quebrado y analógico del poema.

A veces te me apareces como intangible: te veo y te tengo cerca y siento que no podría tocarte sino mínimamente (la mano o el brazo, por ejemplo). Tampoco se me ocurre que podría llegar a besarte: tengo un bigote de púa que pone a prueba la pericia de mi peluquero cada que voy a verlo. La última vez, mientras llevaba a cabo el ritual de cortarme la barba, me dijo: "Caramba, joven, estoy usando mi mejor charrasca y sus barbas se defienden como gato boca arriba." Antes iba al peluquero cada dos meses, para cortarme el pelo; ahora tengo que ir una vez cada tres o cuatro semanas para cortarme la barba. Mi peluquero es un señor de la vieja guardia, usa navaja para cortar las barbas, escucha a Toña la Negra, y gusta de librar conmigo un lírico torneo de albures. Si salgo vencedor, me cobra menos; si salgo vencido, me cobra lo mismo.

Hoy no tengo muchas cosas interesantes que decirte; pero tenía ganas de conversar contigo. Es domingo y seguramente te encuentras en compañía de tu padre. Yo iré más tarde, a eso de las tres, a comer pizza; quizá vea una película y después quién sabe. Mañana pondré en el buzón expreso esta misma carta, que se me ocurrió conforme el alba se insinuaba tras la cortina de la ventana de mi cuarto. A veces ocurren pequeños milagros por la mañana: hace tres días, por ejemplo, estaba el cielo muy nublado, tanto que no me dieron ganas de levantarme de la cama e ir a la facultad; de pronto, observo alarmado como si alguien encendiera una lámpara dirigida justamente contra la pared de mosaico de la cocina, que se observa desde mi cama. Me levanto, me asomo a la ventana y veo que es el sol, imponiéndole el rojo sangre de su corona a las nubes negras y amargas. No sé qué lección pueda desprenderse de esa imagen —cierto símbolo del triunfo que los colores vivos le imponen a los malos augurios, tal vez. Lo cierto es que algo pasa. Como decía Heráclito de Éfeso:

> La Naturaleza ama esconderse. [El madurar es un proceso secreto.]

O bien:

> Compartimos un mundo cuando estamos despiertos; pero cada quien, en sus sueños, ocupa un mundo propio.

—salvo los nombres de lugar y las fechas:
fraudes de la palabra—
Borges, “Isidoro Acevedo”

3. El nombre

La amenaza de lluvia no se cumplió. La tierra siguió seca, a pesar de las ráfagas de viento y las nubes negras sobre las azoteas de las casas. Esto por cuanto hace al paisaje, o mi entorno mental. Pero ¿a quién podrá preocuparle dentro de cinco o cincuenta años el clima que hizo esta tarde de principios de marzo, el color del cielo o si la jacaranda que se recorta en el marco de mi ventana tenía o no flores moradas? Sólo puedo ver desde aquí un hemisferio de la fronda. La punta de las ramas se agita con el viento; más al fondo, la terraza de una casa que siempre tiene las cortinas cerradas. *Tarde de principios de marzo en mi ventana*, así podría titularse el cuadro de costumbres que el pintor sin atributos que hay en mí podría dibujar desde su estudio. Es notable cómo cambia el cielo en cuestión de minutos. La pintura de hace unos momentos ha cambiado por otra. Las cosas siguen estando ahí, pero los colores, la luz y la sombra han dejado de ser los mismos. Algo muy parecido ocurre con los estados de ánimo, que son un posible reflejo de los estados de la *naturaleza*. Lo que entiendo aquí por naturaleza es, simplemente, lo que está afuera, del otro lado del cristal de mi ventana. Más allá del cristalino de mis ojos y la frontera de mi cuerpo. Lo que la yema de mis dedos puede tocar en un momento dado, pero no se atreve. No se atreve porque al desplazarse se perdería la sensación de conjunto, la coherencia. Ya no sería "yo el espectador" sino "yo en el escenario". Conforme la noche avanza, al cuarto para las siete, las tonalidades del cielo se vuelven de un azul más denso que contrasta delicadamente con el lila de las flores que coronan el árbol citado. *El árbol citado*... como si pudiera fotografiarlo, recortarlo luego del papel fotográfico y pegarlo justo en medio de esta página a la manera de un collage. En los cuadros cubistas de la primera época era al revés: la escritura se inmiscuía en las técnicas mixtas, haciendo con este gesto colindar la imagen y la palabra en un mismo entorno. En la realidad, es decir, en el mundo natural de lo que está más allá, lo que prima es la imagen. La calidad visual de lo que es. Y lo que es casi siempre es en un primer lugar visual. El primero de los sentidos es la vista. Después vendrían el olfato, el oído, el tacto, pero lo que le da calidad de ser a lo que *está ahí* —como diría Heidegger— es el ojo. Un párpado abierto es un sinónimo, o una metáfora, de lo vivo; un párpado cerrado lo es del sueño o de la muerte.

El cielo ha dejado de ser azul, casi por completo. Las flores de la jacaranda se han oscurecido al punto de volverse indistinguibles sus colores. Las cortinas blancas de la casa de enfrente son casi imperceptibles, y sobre la ventana empieza a destacar con más fuerza el reflejo de mi propia imagen. Yo soy ese mismo, sentado al escritorio. De pronto, la inquietud me invade. Estoy harto de ver el paso del tiempo reflejado en mi frente cada día más amplia. La conciencia de uno mismo es un lastre que nos hace partícipes todo el tiempo de nuestras limitaciones y defectos. Tres minutos antes de las siete, el cielo se ha oscurecido de manera inapelable. Se escuchan a la distancia los latidos de una campana que llama a los fieles a la misa. Su reloj está dos minutos adelante del mío.

A las siete con siete lo único que se ve es la luz amarilla de un farol que puede estar dos o tres calles más adelante, y justo encima una luz roja. Este cuadro sería todavía más abstracto que los dos anteriores: un fondo completamente negro, y en la esquina inferior izquierda dos destellos de luz, uno amarillo y uno rojo. El cuadro se llamaría *De la figuración a la abstracción, una noche de principios de marzo en mi ventana*. O simplemente, *Destellos*. La naturaleza simplifica nuestras percepciones, y todo lo reduce a sus caracteres esenciales. Así pensaban los impresionistas, a quienes les preocupaban sobre todas las cosas las metamorfosis de la luz y la relación poética que establecemos con ella. El yo que percibe, el yo sin sustancia que está detrás de todas las cosas que hacemos, o que creemos que hacemos. Cézanne le dio la espalda a este enfoque y se consagró al análisis de los objetos en cuanto tales. El movimiento era su preocupación principal. El espacio en relación con el tiempo y no al revés.

Hace un par de días que dejé por la paz la historia de Ángel Mellado. Un lector caprichoso e impulsivo podría juzgarla fuera de contexto, argumentando que nada tiene que ver con el tono y el devenir en sí del capítulo precedente. Tal vez tenga razón este lector hipotético.

O tal vez tenga que volver sobre lo escrito para sentirse de veras envuelto en el devenir de la trama, o tal vez tenga que seguir adelante, en espera de encontrar la clave en una entrelínea de lo que viene después.

El episodio sobre Ángel Mellado tiene la ambición secreta de sembrar una duda en el lector. ¿Quién es en realidad el autor del texto? Cabe la posibilidad de que el narrador se haya ocultado detrás de la máscara de su personaje para contar más libremente lo que ocurrió en ese período confuso de su vida. Quizá. Haber intercalado una selección de los papeles de Ángel Mellado, quien además los firmó con el pseudónimo de Ángel Kahnweiler, duplica la posibilidad de que Ángel Mellado o Ángel Kahnweiler en realidad sea yo. En el fondo, puede que sólo se trate de un relato con metáfora: la de la personalidad y su tan manida etimología, *persona*. Sabemos de sobra que *persona* era el nombre de la máscara con que los actores se cubrían el rostro para representar un papel. El maquillaje y el disfraz han sido estrategias comunes del teatro en todas sus épocas. El actor requiere del cosmético y de un atuendo diferente del de costumbre para desprenderse de sí mismo y convertirse en otro.

Pero ¿qué ocurre cuando uno lo que quiere es representar el papel de uno mismo? Uno —ese personaje espurio— puede empezar por cambiarse de nombre. La decisión no es fácil. Sospecho que alguien podría tomar represalias, alguien que ya ostentara ese nombre apócrifo o algún espíritu ridículo en espera de ser invocado por unas sílabas espurias.

Por una fijación que podría confundirse casi con una certeza, yo siempre he creído que en las letras de un nombre se halla cifrado el destino de una persona. En menor medida que a Edgar, a quien conozco desde hace más de veinte años; a él, los nombres de las personas se le quedan grabados con una facilidad más o menos soportable. Yo recuerdo sólo algunos. Héctor Armella Almanza, por ejemplo, o Vicente Millán Villarreal. O Karen Cerezo Mota, el más notable, con mucho, de los tres. El cerezo es un árbol que hunde sus raíces en las culturas china y japonesa. Su fruto rojo es un símbolo acendrado del erotismo que predomina en aquellas mentes, o en aquella forma de mirar el mundo. Y mota es una de las contraseñas violentas de la marihuana, que muchas mañanas de sosiego le ha dado a espíritus dispersos e irritables, como el mío. A pesar de sus siete años, Karen tenía la frente más amplia del segundo año. Tenía también un carácter muy arisco. Nunca fuimos amigos. En cambio, con Alejandra tuve un poco más de intimidad. Pese a su origen cubano (presumiblemente voluptuoso, aunque entonces no estaba de moda la isla y el gentilicio "cubano" no significaba, en la libido del común de los mortales, lo que significa ahora), ella tenía rasgos asiáticos: sus ojos estaban rasgados como los ojales de una blusa y su pelo negro era tan lacio como unos palillos chinos; su cuerpo, en contra del prestigio de que ahora gozan las caribeñas, era más bien espigado y poco sugerente. Como tales eran sus atributos físicos, Alejandra fue bautizada en la escuela como La China. En los recreos a veces me hacía revelaciones incomprensibles para mí en ese entonces que tenían que ver con la religión de su padre, un señor ya muy cascado por los años, de invariable traje y corbata y que fumaba unos puros enormes o masticaba el tabaco. Quizá por coquetería o debido simplemente a los achaques de la edad, el padre de Alejandra se movía de un lugar a otro gracias a un bastón. El momento cumbre de su personalidad, sin embargo, no estaba en su apariencia física ni en sus costumbres anacrónicas. Estaba en su religión: la santería. Aquella palabra de significado oscuro me transportaba con la imaginación a unos cuartos de techos altos, en penumbra, donde varias personas se reunían en derredor de una mesa a invocar fantasmas. Apariciones y brujerías, con Alejandra olvidando los rituales aprendidos en casa para cambiar a ese otro código que implicaba el ir todas las mañanas a una escuela laica de la colonia Roma. Para mí, su nombre estará siempre asociado con el olor del tabaco, los trajes oscuros y un andar despacioso en alto contraste con el calor extremo de los días de mayo.

Natura Natalia Limón era el nombre de una joven que conocí en la secundaria. Recuerdo de ella su corta estatura, las pecas de sus mejillas y la seguridad con que ingresaba a los territorios del contrabando amoroso en aquella época de madurez precoz.

Lo que estaba contenido en todos esos nombres que aprendí en diferentes épocas de mi vida no era propiamente el destino sino la forma de ser de las personas que los llevaban a cuestas. El nombre es una imposición que nos marca desde la cuna. Es la primera indicación de que existen cauces por los cuales habremos de transitar, a riesgo de cometer una infracción y propiciar un castigo. Con esto no quiero decir que a los nombres se les pueda aplicar una ciencia o un método para descubrir de antemano el destino que llevan oculto en los intersticios de cada una de sus sílabas. Crecemos con un nombre que con el tiempo se hace inextricable de nuestras acciones y nuestros rasgos de carácter. Nadie puede negar que hay un destino en nombres como Doroteo Arango, Goyo Cárdenas o Gaspar Henaine.

Joyce creía en la capacidad de los nombres para significar un destino, aunque esto ocurriera de manera más audible en el orbe cerrado de una novela. Stephen Dedalus es el protagonista de su *Retrato del artista adolescente* y uno de los personajes principales de *Ulises*. Uno de los juegos de palabras que aparecen en *Finnegans Wake* es el de Mr. Churchyard, que en danés equivale a Kierkegaard y que en español equivaldría a Cementerio.

Es verdad que hay nombres que nada dicen, como el ineludible Juan Pérez que todos hemos conocido alguna vez o los millones de Franciscos que han habitado el planeta adosados a los apellidos Hernández, Gómez, González o Rodríguez. En todas las lenguas hay equivalentes de estos lugares comunes, que padres ilusos quieren eludir poniéndole a sus hijos nombres tan estrepitosos como Brandon, Roger o Benhur, como de hecho ocurrió con el capitán del restaurante a donde fuimos a comer el martes.[1] Son mucho más honestos

[1] Benhur le hace honor a su nombre: mide 1.90 y tiene por caja torácica un guitarrón que hace pensar en lo sabio de tener amigos

los padres que optan por nombres pasados de moda, como Prisciliano, Jacinto, Florencio o Gertrudis a la hora de consagrar un destino en la frente de sus hijos.

Sabemos que los bautizos del cristianismo primitivo eran inmersiones en las aguas de un río. Los iniciados en esta nueva secta eran inducidos a sumergirse en un río para lavar los pecados cometidos en su vida anterior pagana. El profeta que revivió esta antigua práctica ritual se llamaba Yohannan, un nombre que se ha preservado mejor en alemán, Johann, y que en otras lenguas, como el español o el inglés, se ha reducido a una sola sílaba, Juan. La palabra "bautizo" no significa otra cosa que chapuzón (en inglés, la etimología es mucho más clara: John the Dipper es la traducción llana de Juan el Bautista).

El ritual ha cambiado con el tiempo y se ha convertido en una parodia de mal gusto. Los niños se visten con unos ropones de color blanco. Así los llevan al templo, adonde sólo han sido invitados unos cuantos familiares y amigos. En el baptisterio de la iglesia un sacerdote les unge la frente con agua bendita, dibujando una cruz. Con esto el niño adquiere tres cosas: una religión, un nombre y un destino. La calamidad pesará desde entonces sobre su cabeza. La calamidad y el ridículo. Yo,

---

en vez de enemistades. El otro día con el señor Sordo, y después de varios tequilas y copas de vino tinto, les conté a él y a los amigos que estaban con nosotros de la casualidad de la existencia de Benhur en el lugar donde estábamos libando, y Sordo le dijo al mesero: "Dile a Benhur que venga a las mesa 18, que lo llama Mesala el romano." Cuando vio la estatura y la presencia de ánimo de Ben, se acordó del 1.85 de Rodolfo, y lo señaló diciendo: "Él es Mesala."

por ejemplo, llevó a cuestas el nombre de un arcángel que cumplió con anunciar la llegada del ungido a la tierra. El nombre, en hebreo, significa “el poder de Dios”. Siempre fui el más dotado para la resistencia deportiva de mis dos hermanos y yo. A la larga, sin embargo, he resultado ser el más frágil, el más sensible al deterioro. Los nombres constituyen paradojas de las que difícilmente podemos escapar. El arcángel sobre quien pesa la misión de anunciar la mejor de todas las nuevas también es el más ególatra de los siete que siempre están en presencia del Señor. Su fuerza limita sus acciones al punto de volverlo un inútil entre las huestes del Paraíso. Nunca tuvo misión más alta que comunicar, aunque en algún momento también tuvo que oficiar de guía. ¿Pero guía de quién, si no es capaz de encontrar por sí mismo el camino que habrá de sacarlo del laberinto en el que todo el tiempo se siente preso?

Pero los nombres nada significan. A pesar de todo su poder semántico, no dejan de ser repeticiones de otros nombres que correspondieron a personas que ya hemos olvidado. Antes de mí ha habido otros que han llevado el mismo nombre sin importar la variedad de sus rasgos de carácter o la prontitud con que se han cumplido sus respectivos destinos. El nombre le es indiferente a la persona que lo porta. Si tú te llamas Juan o te llamas Pedro estás honrando la memoria de los primeros fundadores de una dinastía onomástica de la que siempre estarás lejos. Los libros y las biografías son una refutación de la importancia de los nombres. Abrimos un libro de un autor desconocido y su nombre es lo que nos dice lo menos. Tenemos que hurgar en las páginas de los interiores para sentirnos satisfechos con el descubrimiento o defraudados. Las biografías de los hombres ilustres o los borrachos o los pendencieros o los seres —en una palabra— insignificantes pierden su vigencia en el momento mismo de comenzar a escribirse. El presente no existe y lo que hice o dejé de hacer ha quedado grabado en el registro espurio de los hechos consumados. Toda acción pretérita es susceptible de ser mejorada por el recuerdo. O viceversa. Hay cosas que podemos saber de la vida de una persona y que resulta de un interés indudable relatar en una sobremesa, con una taza de café humeante o una copa de Armagnac calentándose en el hueco simulado por la mano derecha; pero la palabra es incapaz de contar lo que pasó en realidad. Las vidas están conformadas por astillas invisibles que se depositan en un lugar desconocido. O peor aún: de astillas que van a dar a ningún lado después de haber sido las partes de un todo ruidoso.

Cuando pienso en los escritores y en lo insulso de los destinos literarios recuerdo la imagen contenida en el nombre de Ángel Mellado. Si elevamos su categoría de nombre propio al esplendor de las minúsculas obtendremos una copia al carbón de lo que significa ser vulnerable. Ser vulnerable o estar condenado al fracaso. Un ángel, patrimonio impoluto de lealtad y de belleza, con el cuerpo abollado por los años. Y por la vida en sí. Había algo de poético en esta metamorfosis del carácter que se simboliza en el descenso a los infiernos: un ángel disminuido, a pesar de su facundia y fortaleza. Un ángel que vivía en una colonia proletaria y se daba baños de agua fría (baños de pureza). Un ángel que era presa irremediable de sí mismo.

Como podrá verse, es inútil hablar de una suplantación de caracteres. Entre Ángel Mellado y quien esto escribe nunca se dio tal cosa. Él era él y yo era yo. De la amistad y la reverencia del uno por el otro se pasó a la rivalidad. Esta transformación es quizás inevitable en el curso de una relación intensa, sobre todo si esta relación se da en los últimos años, los más formativos, de la adolescencia. A la larga se revela quién es el más débil, o el más ruin. Y el más débil no es precisamente quien sobrevive a la batalla. En las historias que conozco, no son los más fuertes los que sobreviven, sino los aviesos y los cínicos. (Esta verdad estaba ya presente en las Escrituras, y es posible localizarla bajo uno y mil disfraces.)

El cielo estuvo nublado toda la tarde, y es de suponerse que toda la noche también. La amenaza de lluvia por fin se cumplió en la madrugada. Fue una llovizna intensa, acompañada de ráfagas de viento que estremecieron las copas de los eucaliptos y los troenos que hay sembrados en la acera. La puerta de madera que está en el pasillo de afuera se estremecía con la fuerza del aire que se colaba por las rendijas de la ventana. Esto me impidió dormir y tuve que levantarme. Prendí la computadora y empecé a corregir lo escrito. Hubo un apagón que duró veinte minutos. Por él entendí que había llegado el momento de dejar las cosas por la paz y esperar la luz del día siguiente.

¿Qué queda al final? ¿Existe una esfera del ideal y otra de la realidad?

ROBERT MUSIL, *El hombre sin cualidades*

4. Contra Uno

La discusión sobre la sustancia del yo puede mirarse aun en términos cinematográficos. Ayer fuimos a ver una película francesa, *Sous le sable*. Una pareja —ambos mayores de cincuenta— sale de vacaciones a la playa. Se instalan en una casa amueblada que les pertenece de generaciones atrás y comienzan la rutina propia del descanso. Él recoge madera para la chimenea mientras ella cocina una pasta. Al día siguiente van a la playa cercana, no la que acostumbran visitar los turistas, sino la playa "virgen", donde hombres y mujeres se desnudan sin que haya problema de por medio. Él le pone bronceador sobre la espalda, y por cortesía la invita a nadar; ella se niega y permanece tendida sobre la arena, boca abajo. Después de un par de horas el marido no aparece. La mujer se desespera y le pregunta a unos encuerados si no lo han visto. Lo niegan. Cuatro guardacostas buscan el cuerpo del marido infructuosamente.

Ella regresa a la ciudad, donde hace su vida como si nada hubiera pasado: habla de su marido y se comporta como si éste no hubiera muerto. Se encuentra con él cada vez que regresa a casa, después de cenar con unos amigos o de regreso de la escuela, donde da clases de literatura inglesa. Le compra obsequios (una corbata azul, una camisa) y platica con la sombra, que por ella se niega a abandonar el mundo de los vivos. Mientras tanto, ella conoce a otro hombre. Como si fuese una aventura normal, "cotidiana", se acuesta con él primero en su casa y luego en la suya. El fantasma no vuelve a aparecer después de esto, liberado al fin de la atadura que le imponía la castidad de su esposa.

Un viaje en tren lleva a Madame Drillon a la casa de su suegra; una anciana ladina. Conversa con ella, le cuenta sus dudas. Le dice que tiene sospechas de que Jean se haya suicidado. La suegra contesta con una negativa. Le dice haber estado al tanto de las depresiones de su hijo, las cuales jamás lo hubieran conducido al suicidio. Lo que ocurrió en el verano, al comienzo de las vacaciones, no fue una inmersión fatal en las olas del mar abierto: Jean, como Wakefield, se fue a comprar cigarros, llevando a cabo el sueño de todo marido ejemplar, que consiste en abandonar a la esposa en la edad madura para vivir la vida de otro. Madame Drillon le dice a la suegra que está loca y que acabará sus días en un manicomio. La madre de Jean asegura que no será ella la primera en ingresar a una institución psiquiátrica.

Madame Drillon regresa al lugar donde desapareció su marido. Se presenta en la morgue, donde la policía local dice haber encontrado un cuerpo que concuerda en todo con la descripción que ella les proporcionó de su esposo. El cuerpo fue descubierto en las redes de unos pescadores, después de haber estado mucho tiempo sumergido en el agua. Su estado de putrefacción le ha impedido al forense identificar el cuerpo. Un traje de baño azul y un reloj son las únicas pruebas de que el ahogado es en realidad el marido muerto de la señora Drillon. Ella reconoce el traje de baño, pero cuando le muestran el reloj se pone a reír de manera frenética. Ése no es el reloj de Jean, les dice al policía y al forense, que no pueden ocultar su perplejidad y la sospecha de que la mujer está mintiendo.

La última secuencia ocurre en la playa. Ella está sentada sobre la arena, llorando. Una visión la saca de su tristeza: a la distancia ve a un señor que podría ser su esposo. Segura de que la pesadilla ha terminado, corre a su encuentro. La pantalla se oscurece en ese momento y aparecen los créditos. Sin embargo, no es ahí donde termina la película, sino en la mente del espectador, quien se pregunta si sería verdad que el reloj no era del marido. Tal vez él, como Wakefield, se fue a comprar cigarros, harto de la rutina conyugal o por el deseo simple de ver cómo se comportaba ella en su ausencia. También cabe la posibilidad contraria, que ella, en su desesperación, hubiera negado la identidad del reloj y el hombre que estaba de pie, mirando el mar sobre la playa, no fuera el esposo perdido. Al final, ¿quién puede reconvenirle al personaje de Madame Drillon que haya preferido la esfera del ideal a la de la realidad? ¿Y quién puede tener el valor moral de censurar la decisión de Monsieur Drillon, cualquiera que ésta haya podido ser? De nuevo, estamos en el reino de la posibilidad, donde nadie sabe —o nadie ignora— la identidad de quien, sobre el muro revestido de cal blanca, escribe los pálidos signos.

Mediodía. Lo único que me impide pensar que este sábado es siempre el mismo es la ópera que están transmitiendo ahora por la radio. *El jugador* de Prokofiev, basada en la novela homónima de Dostoievski. Prokofiev alcanza unos matices de sentido (burla, *grotesqueries*, solemnidad operática) que sólo en una sinfonía de palabras hubieran sido posibles. El suyo es un gran trazo mural que reúne los talentos de un músico, un novelista, un dramaturgo y un animal de pendencias reconcentrado en sí mismo. Prokofiev quería que su música fuera una germinación de lo perfecto, y muchas veces lo logró. La perfección de Prokofiev no es blanda, sino metálica. Sus notas caen como hachas sobre la superficie del oído; como hachas o alfileres que no se hunden, más bien se miran resbalándose por el cristal de la ventana, en una tarde de lluvia. Suena el teléfono. No esperaba la llamada de nadie. Contesto. Silencio del otro lado de la línea. Escucho sin embargo el ruido de un televisor encendido. Estoy a punto de colgar cuando escucho una voz muy tenue que dice las palabras "Otra vez." Como el auricular se encuentra ya a medio camino, no tardo en concluir, mudo, el incidente. Inmediatamente me asalta una duda: ¿sería la voz de Mélanie, enferma de gripe hace unos días, quien diría no "otra vez" sino "Gabriel"? La rima hace posible la conjetura y yo no puedo evitar ponerme otra vez nostálgico.

No soy lo que parezco.
Otelo

5. Más detalles sobre el ilustre Sosia

La primavera ha hecho su entrada informal en la ciudad (estamos a catorce de marzo y aún faltan seis días para el equinoccio), registrando más de 25 grados Celsius en la escala del termómetro. Y los ánimos, que no han estado particularmente altos en estos tiempos, se dejan llevar con facilidad a otros mundos. (El calor desenfrena los sentidos y los hace girar a revoluciones que no son las normales por minuto.)

Hace un calor excesivo a pesar de la proximidad del ocaso, y con éste, el final de la luz. La ventana comienza a oscurecerse poco a poco y lo primero que se ve es el espejo negro en que se ha convertido la ventana en sí; lo segundo es una proyección del cuarto que me aloja —un foco encendido en mitad de la escena hace posible este engaño óptico, porque una cosa es *estar* y otra muy distinta es verse *estar* en un lugar que no es aquí sino *allá*. Lo último que se ve es la figura de un individuo que podría ser yo mismo. No es que no me reconozca, es que alguien que está ahí me mira con una mirada que no es la mía, aunque los ojos y el peinado sean los mismos, así como la forma de la boca, el mentón y las orejas. Pero el gesto acaba por traicionarlo, y un efecto platónico en todo esto me hace pensar que la realidad de los objetos reflejados en el cristal oscurecido no es real. Y efectivamente no lo es: los objetos que están ahí no son los objetos que son, sino proyecciones o entelequias arraigadas en una dimensión distinta, la del capricho verbal o visual que les da sustancia. Como dice Valéry, en tono irónico, al final de una de sus *Historias rotas*: "...pero no olvides que no te reconocerías en un Espejo si en él no vieras a otro; y en éste no ves nada".

Así es que *nada* nada significa.

En el siglo XIX hubo varios escritores que se ocuparon de la división de la persona en dos mitades *naturales* o dialécticas. Si se hiciera a un lado el estudio de la personalidad de un individuo cualquiera, es decir, del individuo que *interesa*, y se profundizara solamente en la manifestación histórica de los estilos, se encontraría que la temática del doble en la literatura occidental del diecinueve no es más que un recurso estilístico, que en algunos casos brillantes, como el de Dostoievski, llegó a encarnar el caos de la conciencia humana. Wilkie Collins en su novela *The Woman in White* (publicada por primera vez en Londres, en 1860), Oscar Wilde en *El retrato de Dorian Gray* (Londres, 1891) y en libros tan alejados en apariencia de la órbita del sosia, como en *Moby-Dick*, aparecen vislumbres de dobles o de plano falsos dobles que podrían ser considerados como meros síntomas de una preocupación más bien general por el hombre y sus mitades constitutivas. El doble, en este sentido, no vino a representar sino una versión actualizada del conflicto que desde tiempos bíblicos había privado entre las fuerzas positiva y negativa del mundo.

Hasta aquí podría llegar la interpretación del problema; sin embargo, hubo tres escritores de orígenes diversos, por cuanto hace a su idioma y a la geografía: Stevenson, Poe y el propio Dostoievski, que imaginaron historias donde el Sosia de las comedias de Plauto y de Moliére deja de ser un síntoma, una voz dialógica o simplemente un ardid literario para convertirse en una presencia perturbadora de carne y hueso. En una obsesión, en el sentido moderno de la palabra obsesión, y su corolario propiamente neurótico.

Stevenson ocupa el primer lugar de la lista porque el suyo es el primer nombre que me viene a la cabeza cuando pienso en la engañosa integridad de la persona. *El extraño caso del doctor Jekyll y el señor Hyde* se publicó por primera vez en enero de 1886, en Londres. Sesenta años después, el relato de Stevenson empezó a servir de argumento en películas y series de dibujos animados que recuerdo haber visto una y otra vez en la infancia. Antes de esto, no había tenido ningún otro contacto con la idea de que uno pudiera "duplicarse" en vida para encarnar una posibilidad distinta de uno mismo; de encarnar, como Hyde en el caso del doctor Jekyll, una sensibilidad contraria a la aparentemente propia. Lo que más me atraía del relato de Stevenson no era la idea de que uno pudiera convertirse en otro mediante la ingestión de una droga, sino la trama detectivesca que se iba tejiendo alrededor del doctor Jekyll y su enemigo íntimo, el señor Hyde. La ropa negra y holgada de un

Hyde de ojos saltones y una nariz tan ganchuda que casi se juntaba con el mentón por abajo de unos labios ínfimos, apenas dibujados por una línea recta que podía convertirse de buenas a primeras en una carcajada, y el bastón de madera mal intencionado, con el cual el señor Hyde era capaz de darle una paliza a quien se atreviera a meterse en sus asuntos; estos ingredientes bastaban para llamar la atención de cualquiera. Lo interesante no era saber que en el relato de Stevenson se daba un cuestionamiento del hombre políticamente correcto, del hombre civilizado que ha dado el salto cuántico en el territorio de la ciencia y las buenas maneras separándose de la escoria que busca la satisfacción de sus apetitos criminales en las zonas más turbias de la ciudad (el burdel, por ejemplo, o los callejones donde se consumen drogas y se cometen asaltos y homicidios). Lo interesante era observar el combate, las persecuciones que le servían de preámbulo, el laboratorio donde se gestaban los cambios, la búsqueda del conocimiento arcano que redundaba en la emergencia de un ser malvado y mucho más interesante que el virtuoso y flemático Jekyll; la captura definitiva y de nuevo la representación acertada de los problemas terrenales que comienzan a tenerse desde la infancia: Stevenson parece querer decirnos, en el fondo, que nadie está a salvo del escarnio que los demás pueden ejercer sobre nuestro contorno, no digamos más débil, sino más hilarante a pesar de su propósito ofensivo. Si se quiere ir más allá y, del dominio de la moral pasar al de la filosofía, se podría decir que en Stevenson opera el mismo principio negador o *caduco* que Roberto Calasso (*La ruina de Kasch*) observa en Stirner:

> ¿Por qué el "único" es único? Muchos lectores de Stirner han entendido el término en sentido psicológico, criticándolo o exaltándolo, han supuesto que pretendía afirmar la preciosidad de un yo. Pero, en primer lugar, el yo del único sólo existe como fuerza negativa y destructora. Sobre este punto Stirner ha decidido cortar las relaciones con el idealismo precedente no menos claramente que Marx: "Cuando Fichte dice: 'El yo es todo', parece concordar perfectamente con mis posiciones. Sólo que el yo no es todo, sino que el yo *destruye* todo, y sólo el yo que se disuelve a sí mismo, el yo que no es nunca, el yo *finito*, es realmente yo. Fichte habla del yo 'absoluto', yo, por el contrario, hablo de mí, del yo caduco."

Nunca estuve muy convencido, en la adolescencia, de que ese fraccionamiento del individuo en dos mitades, una responsable, dignificada por la no ocurrencia de los vicios, y la otra pendenciera, anclada en las rutinas más soeces del comportamiento humano, fuera del todo cierta. El solitario doctor Jekyll y su contraparte el señor Hyde eran más bien fantasías alejadas de mi dominio sensible. O por lo menos lo fueron antes de la boda de mi hermano.

El día de la boda de mi hermano estaba triste, nunca he sabido bien a bien por qué. En esa época todavía vivía en casa de mi madre, aunque varias noches a la semana dormía en el departamento de Claudia. Y debería estar feliz, porque el casamiento de mi hermano significaba que dejaría su recámara libre, donde yo por fin podría tener un estudio donde trabajar. El caso es que estaba deprimido. No asistí a la boda religiosa y a la civil tuve que ir porque era uno de los testigos. De no haber sido por este pequeño detalle no hubiera ido. Me subí a un taxi y le pedí que me llevara al ex convento de San Agustín, en Tlalpan. Era un sábado de tráfico, que me estaba orillando a llegar más tarde de lo que tenía previsto; luego de algunos rodeos y preguntas infructuosas, el taxi me dejó en una esquina y caminando llegué a mi destino. Me dirigí a la capilla donde se suponía debía llevarse a cabo la boda civil. Y allí estaba mi hermano, de 27 años, con la cara de un muchacho ingenuo que no sabe en la que se está metiendo. Saludé a todos con desgano y evitando con una sonrisa irónica las caras de reproche por no haber hecho acto de presencia en la iglesia. ¿Acaso *él* está en contra del matrimonio?, se preguntó uno de los hermanos de Hilda, el mayor. No, lo que pasa es que así es, le explicó mi madre. Una bien ganada fama de anacoreta es lo que me ha salvado en estos casos, que son seguidos, pues a cada rato hay reuniones familiares a las que ni siquiera llamo para disculpar mi ausencia. Es probable que desde la muerte de mi padre el deseo de estar en familia se me haya apagado de manera *natural*.

Después de las formalidades civiles vino la fiesta. Hilda tenía cinco meses de embarazo y la panza ya se le notaba. Mi hermano, que siempre se ha ufanado tontamente de estas cosas, estaba feliz, más por la osadía que por el matrimonio. Y vinieron las copas. Lo primero fue el tequila, que suavizó la pena ajena que inspiran los primeros y tímidos danzantes que no pueden faltar en una fiesta. Con la comida se sirvieron las botellas de vino y al final, para el brindis, se destaparon unas botellas de vino blanco espumoso. Este último fue mi perdición. Nunca supe cuántas de sus burbujas se me alojaron en la cabeza. Literalmente perdí la cuenta. Quizá no fueron muchas, pero el efecto del alcohol combinado con mi estado de ánimo me hicieron perder la conciencia de ser yo mismo y abrieron mis instintos a una forma diferente de ser y de actuar. Una forma, debo decirlo, que se hallaba contenida en mí de manera latente. Porque todo lo que ocurrió después fue como un desprendimiento, algo que siempre se avizora pero que pocas veces ocurre, debido a los frenos que oponemos a las fuerzas oscuras, o primitivas, de nuestro comportamiento.

No me recuerdo tomando la decisión de levantarme de la mesa donde estaba intercambiando puntos de vista fútiles con mis parientes; recuerdo la sensación de estar en el círculo de personas que se había formado debajo de una carpa, rodeado sobre todo de mujeres, y estar moviendo mi cuerpo en una especie de baile. Ahí estaba mi madre y mi tía Carmen, imitando mi descaro. Había un muchacho bajito y regordete que tenía una pila de sombreros tejanos sobre su cabeza cubierta de pelo negro. Había mujeres: Rocío, Argelia —amiga de mi hermano—, Adriana, Carmen, Pilar, mi tía Lupe, nombres y cuerpos que se mezclaron todos en un torbellino. Sentí vértigo en el mero ojo de una espiral de tentaciones que desconocía los nombres y su estatus y se adhería a la simple materia de los cuerpos. Fue entonces que preferí ponerme a pelear con el vocalista del grupo. Era un chaparro de saco blanco, pantalón negro y lentes; de cabello crespo muy corto y delgado. Con él me trencé en un duelo de a ver quién hacía más lagartijas con una tarantela de música de fondo. Adrián, menos ofuscado, estaba conmigo y su presencia me ayudó a intimidar al vocalista cuando éste se opuso a probar la resistencia de sus bíceps contra el piso. En una palabra, fue sometido.

Adrián me llevó en su coche al departamento de Claudia. Llovía a cántaros. Mi abuela iba conmigo en el asiento de atrás, y Rocío en el asiento de la derecha, junto al conductor. Decía tonterías ilegibles y los demás iban como palos sin saber qué hacer con el borracho que ha perdido el sano juicio. Me dejaron en la esquina de avenida Coyoacán y San Lorenzo, bajo el chubasco. Jerónimo, el conserje, salió a abrirme la puerta, aunque de esto ya no me acuerdo. Lo demás fue una noche intranquila de la que no he guardado los pormenores. Sin embargo, en las primeras horas de la mañana del domingo, bajo el chorro de agua fría de la regadera, recordé de pronto algunas de las actitudes necias que había asumido la noche anterior cuando, al tallarme el antebrazo derecho, cerca del hombro, sentí el dolor y el desconcierto de un moretón que se me había quedado impreso en la carne en la forma de una dentadura: treinta y dos incisiones de un color violáceo como testimonio de la desesperación y el hartazgo de una víctima frustrada que había tenido que recurrir a su arma más letal para frenar el embate de un insoportable y agresivo señor Hyde que se había pasado de la raya.

Mientras acababa de bañarme, relacioné el episodio —la dentadura, el dolor y lo que tuvo que haber pasado antes— con la florescencia de mi doble. Merced a las burbujas del vino, Hyde había salido de su celda, mostrándose como un *alter ego* intempestivo que no es capaz de sancionar los límites físicos y sociales que requiere el más elemental de los convivios. Como ese otro yo que había salido de mí no era necesariamente yo, o por lo menos no era el yo de todos los días, no sentí miedo ni remordimiento; me sentí más bien perplejo y aleccionado por haber entrado en contacto con esa posibilidad demoníaca que habita en mí y por haber caído en la cuenta de que no es en los momentos de mayor fortaleza o de coraje cuando emerge la parte siniestra de nosotros, sino en los de mayor debilidad, cuando somos presa de una realidad que nos rebasa, una ecuación sentimental cuya solución se nos escapa para siempre.

A Poe lo empecé a leer entre los diez y los once años, sin entenderle gran cosa o sin vislumbrar todavía el reino de implicaciones que se halla oculto entre las líneas de su obra. Mi madre estaba suscrita al Círculo de Lectores y había un señor, alto, calvo, de traje y corbata, acompañado de un eterno portafolios, que tocaba el timbre de la casa cada mes, siempre en ausencia de mi padre, y se instalaba en la mesa del comedor para mostrarle a mi madre las novedades de la editorial que representaba. El señor alto y calvo no volvió a aparecerse en la casa, pero dejó sembrado en el librero de la sala un volumen de pastas duras con los cuentos completos de Poe. En él comencé a leer "El tonel de amontillado", "La muerte de la máscara roja", "El misterio de Marie Roget" y otros. "William Wilson", el cuento que trata el tema del doble, vino mucho después.

La crítica y los lectores de Poe han privilegiado este cuento por su contenido supuestamente autobiográfico —ese aire de evocación marmórea de las primeras páginas que sitúa al joven Poe en un lugar real en la geografía. Edgar Allan Poe fue uno de esos escritores que desdeñan las vidas por lo que tienen de cierto: la literatura es mucho más ambigua e igualmente embustera. Entonces ¿para qué dejar rastros de un pasado que pudo ser un centenar de pasados posibles?

La historia de "William Wilson", sin embargo, es una mezcla de varios momentos verificables en la biografía de Poe. Cuando Edgar tenía seis o siete años, sus padres adoptivos, los señores Allan, lo llevaron consigo en un viaje a Inglaterra, donde Poe estuvo interno en un colegio para señoritos hasta cumplir los once años. Ya de regreso en los Estados Unidos, el joven Poe se matriculó en la Universidad de Virginia, donde destacó por su ingenio y capacidad para los estudios; fue allí mismo donde perdió fuertes sumas de dinero por su afición al juego y la borrasca. Más o menos transformadas por la necesidad de la composición, éstas son cosas que ocurren en la narración de William Wilson, que comienza, como casi todo en Poe, con un alegato anticipatorio de la naturaleza temática de lo que estamos a punto de leer: en la línea final del primer párrafo, William Wilson, el falso narrador de la historia, se pregunta si acaso no habrá estado viviendo en un sueño, y si no estará "muriendo ahora víctima del horror y del misterio de la más desaforada de todas las visiones sublunares".

Con la *más desaforada de todas las visiones sublunares*, William Wilson está refiriéndose al primer encuentro con su doble, el cual se produjo en un colegio de Inglaterra que los biógrafos de Poe han identificado como una calca de aquel Stoke Newington del reverendo Bransby donde Poe estuvo interno entre los seis y los once años. El colegio que sirve de escenario al primer encuentro de William Wilson con su doble es descrito en términos fieles al edificio que todavía puede visitarse en las afueras de Londres "...una vasta casa isabelina llena de recovecos, en un neblinoso pueblo de Inglaterra, donde se alzaban innumerables árboles gigantescos y nudosos, y donde todas las casas eran antiquísimas" (traducción de Julio Cortázar). Frente a esas casas antiquísimas y custodiadas por numerosos árboles gigantes que simulan espirales orgánicas o murallas de un verde desleído, es casi imposible no pensar en los laberintos a los que Borges nos dejó acostumbrados en sus ficciones, donde, en razón del número infinito de pasillos y de puertas, uno pierde la noción del espacio y deja de saber con exactitud cuál es el piso de arriba y cuál el de abajo.

> Durante los cinco años de mi residencia allí —escribe el narrador de "William Wilson"—, nunca pude asegurar con precisión en qué remota localidad estaba el pequeño dormitorio que se nos había asignado a mí y a unos dieciocho o veinte estudiantes más.

El laberinto es un símbolo del destino en sí que, ya sea en forma de casa, de juego o de poema, ha estado presente en las literaturas. En Poe significa el cumplimiento de una cuenta pendiente, un saldo que termina con el enfrentamiento oneroso del yo vislumbrado a sí mismo en un espejo. Pero el espejo que se ha escogido para ser paseado a través de las páginas de este relato es un espejo que refleja figuras de carne y hueso, figuras que nos confrontan y llegan al punto de establecer con la marca origen de su pertenencia un duelo a muerte. William Wilson es a todas luces inferior a su doble, William Wilson, aunque el primero de los dos personajes sabe en su fuero interno que esto no es verdad y que todas sus victorias, por el solo hecho de ser necesarias, son la prueba del rango que ocupa por debajo de la existencia de su sosia.

En su libro sobre Poe, Daniel Hoffman se refiere al carácter más bien personal del relato de William Wilson, al que relaciona con otro texto magistral de Poe, "The Imp of the Perverse", escrito en sintonía con el tema del *doppelgänger*. "¿Quién o qué [se pregunta Hoffman en su libro], es este *Imp of the Perverse* sino una porción del ego separada del resto, que busca la destrucción de aquella de la que está separada? El hecho de que también busque su propia destrucción no lo distrae de su propósito infame. La vida se halla en un curso de colisión con la muerte; el deseo de la muerte traiciona, siempre que puede, el instinto de la vida. Esto parece una locura: la mente desatendiendo a su propio sentido de autoprotección por un *impulso* incontrolable, *radical, primitivo*." Mucho se podría decir acerca de las influencias que pesaron en la cabeza de Poe a la hora de escribir este relato sobre el sosia (por ejemplo, como asegura Mario Praz en *El pacto con la serpiente*, que Poe tomó el tema del doble de la lectura de E. T. A. Hoffmann, quien a su vez habría leído "el volumen de psicología de G. H. Schubert *Die Symbolik des Traumes*", publicado en 1814), pero sin duda Daniel Hoffman tiene razón cuando señala el carácter íntimo de vivencias que no pudieron traducirse a la zona de la prosa de no haber surgido de una experiencia y de una preocupación personal por los dobleces que corrompen la aparente integridad del individuo. En "William Wilson" y "El Demonio de la Perversidad", como lo tradujo Julio Cortázar, Poe está representando un drama especular que bajo la perspectiva de escritores herederos suyos, tendrá un peso específico distinto.

En su ensayo sobre Baudelaire, Walter Benjamin se refiere al *frisson* que el poeta francés colocó en el centro de su obra como uno de los fundamentos de su poética. La experiencia del *frisson* puede entenderse en los términos de un conflicto que pone de manifiesto la naturaleza del proceso creativo. Quien ocupa el lugar en este escenario de conflicto, interpretando los papeles de protagonista, antagonista y víctima, no es otro que el poeta. Uno de los poemas de *Las flores del mal*, "Le Soleil", el único donde, en opinión de Benjamin, el poeta se autorretrata en el momento de estar trabajando, se reflexiona sobre este combate dialéctico que Baudelaire llama su *fantasque escrime*. (Cito los mismo versos que aparecen en el ensayo de Benjamin:

> *Le long du vieux faubourg, où pendent aux masures*
> *Les persiennes, abri des secrètes luxures,*
> *Quand le soleil cruel frappe à traits redoublés*
> *Sur la ville et les champs, sur les toits et les blés,*
> *Je vais m'exercer seul à ma fantasque escrime,*
> *Flairant dans tous les coins les hasards de la rime,*
> *Trébuchant sur les mots comme sur les pavés,*
> *Heurtant parfois des vers depuis longtemps rêvés.*)

Es quizá un mediodía de verano, cuando el sol cae a plomo sobre la ciudad de París. Cuando el tiempo literalmente se anula, o pierde densidad en las recámaras anteriores al sueño y a la siesta. La ciudad se vuelve una especie de sonámbulo que tiene que beberse una o dos tazas de café espresso para mantenerse a duras penas de pie y en funciones. El burócrata, el hombre de la multitud, se encierra en los cubículos privados de sus oficinas y se echa una siesta en espera de que den las siete o las ocho y pueda volver a casa a cenar y quitarse los zapatos y destrabar el nudo de la corbata. Mientras tanto, las cortinas veladas, detrás de las cuales se ocultan "placeres secretos" —la poesía y el opio, tal vez—, simulan en el taller del poeta la quietud de la noche. Aquí tenemos de nuevo la atmósfera nocturna de la que habla el narrador de "Los asesinatos de la calle Morgue", un ámbito de clausura que le es propicio a la lectura y a los devaneos febriles —y no obstante ordenados— de la imaginación; cuando, "A las primeras luces del alba", Dupin y aquel narrador a quien podemos identificar con Poe, cerraban "las pesadas persianas de nuestra vieja casa y encendíamos un par de bujías que, fuertemente perfumadas, sólo arrojaban débiles y mortecinos rayos". A diferencia de sus predecesores, Baudelaire se encuentra a solas consigo mismo, practicando su esgrima y en busca de versos con los que ha soñado hace largo tiempo. La ciudad, aunque silenciosa, desempeña un papel preponderante en esta nueva versión del drama íntimo avizorado por Poe en un principio.

En sus especulaciones sobre el fenómeno de la escritura, que cristalizarían en libros como *Introducción al método de Leonardo da Vinci* (1894) y *La velada con el señor Teste* (1896), Valéry dejará de entender este conflicto en los términos bélicos de un combate, y añadirá en cambio un elemento más: el cuaderno. En algunas fotografías, Valéry aparece empuñando su pluma fuente sobre los renglones frescos de un cuaderno abierto de par en par, como si quisiera sugerir el inacabamiento esencial al que propenden todas las "obras" literarias, las cuales se dan en el tiempo y se hilvanan como una concatenación de fragmentos o de pecios de un naufragio intrascendente. El autor decide a qué hora parar y tiene poder absoluto, también, para dictaminar en qué momento puede declarar su obra "terminada". Sin embargo, la expresión más acabada de este acertijo de símbolos no se encuentra en los cuadernos de Valéry o en sus libros, sino en una fotografía de Cartier-Bresson que data de 1945, y que por lo tanto podría considerarse como un legado casi *póstumo*: el *Retrato* en que el escritor muestra su "perfil público, su lado oculto y su pequeño monumento".[1] Valéry no creía que la escritura fuese un hecho criminal o culpable —un placer por el que tarde o temprano habría que purgar una condena—, y en su retrato por Cartier-Bresson propone una solución más apacible al conflicto establecido años atrás entre un protagonista, un antagonista y su víctima. El solo hecho de que hubiera sido Cartier-Bresson y no el mismo Valéry quien disparara el obturador de la cámara, es de por sí significativo.

[Mallarmé creyó que la solución al conflicto baudeleriano estaba en la incorporación de los silencios y su contraparte, los sonidos, a la levadura dramática del poema. En "Un golpe de dados" aparecen como *tipos* recurrentes la idea natural de un naufragio, un abismo y un ala, que tiene la función hipotética e inútil de elevarnos de la tierra. Lo que está más allá de este agotamiento —*exhaustion* es la palabra inglesa, aún más elocuente— fue algo que El Maestro no llegó a vislumbrar.]

[1] Véase el libro de Jaime Moreno Villarreal *El salón de los espejos encontrados* (México, Consejo Nacional para la Cultura y las Artes/ Ediciones del Equilibrista, 1995), donde aparece una reproducción de esa fotografía y una reflexión inteligente al respecto.

Si bien es cierto que Poe no parece provenir de ningún lado cuando toca el tema del sosia, Dostoievski sí parece provenir de Poe. Su novela, titulada justamente *El doble*, empezó a escribirse en 1845 y se publicó en febrero de 1846, siete años después de la publicación del cuento de Poe en el libro *Cuentos de lo grotesco y lo arabesco*. Ya para entonces Baudelaire estaba traduciendo la obra de Poe y es probable que Dostoievski lo haya leído en francés. O si sabía inglés, en el original mismo. Más allá de las conjeturas, los idiomas y las fechas, las desventuras del señor Goliadkin con su doble, Yákov Pétrovich Goliadkin, parecen una dramatización ampliada de las situaciones que le toca vivir a William Wilson, primero en su internado en Inglaterra, después como estudiante en Eton y en otros escenarios más o menos fugaces. Aunque su visión no sea tan redonda como la de Poe, el análisis de Dostoievski de los desórdenes mentales que desembocan en la florescencia del doble no está exento de hallazgos.

La historia comienza en el pequeño departamento petersburgués del señor Goliadkin, con un párrafo que se parece mucho al principio de *La metamorfosis* de Kafka: "Iban a dar las ocho cuando el consejero titular, Yákov Pétrovich Goliadkin, despertóse de su largo sueño." Una vez encendidas las baterías vitales del señor Goliadkin, empiezan a ser evidentes los malos momentos por los que está pasando. Su comportamiento es muy extraño. Parece haber en él una mezcla de violencia soterrada y angustia que cristalizan en las ambivalencias de una neurosis. Por ejemplo, luego de tomar el desayuno que le sirve su *valet* Pétruschka, Goliadkin no sabe si presentarse en su oficina o no. Decide quedarse en casa, pero a los pocos momentos, de manera intempestiva se despereza y sale a la calle en dirección no de su trabajo sino del consultorio del señor Krestian Ivánovich Rutenspitz, "Doctor en Medicina y Cirugía", como lo especifica irónicamente el letrero que está colgado en la puerta de madera grasienta de su consultorio. El doctor Rutenspitz, "un hombre recio, ya entrado en años, con pobladas y ya canosas cejas y patillas por el mismo estilo, mirada expresiva y chispeante, que, a juzgar por las apariencias, le bastaba para ahuyentar las enfermedades", no sólo se encarga de curar los resfriados y las enfermedades mayores de sus pacientes; también, como en el caso del señor Goliadkin, se ocupa de estudiar las anomalías de su conducta y trata de encontrarles una solución en el corto plazo. Goliadkin llega de improviso al consultorio del doctor Rutenspitz y éste, sin sorprenderse demasiado con la visita inesperada de su paciente, le pide que lo aguarde en uno de los salones de la parte trasera del consultorio. Ya con el doctor dispuesto a escucharlo, Goliadkin trata de explicarle qué es lo que le pasa, pero, como él mismo lo dice varias veces, no es ningún maestro en el "arte de la palabra". La incapacidad de Goliadkin para expresarse genera una comedia de enredos de la que apenas, hacia la mitad de la airada discusión, entrevemos el meollo: "¿Cómo se vengaría usted —le pregunta Goliadkin a su médico— de un enemigo suyo, de su peor enemigo... o del que por tal tuviera usted?" El señor Goliadkin habla de una intriga, de una conjura para asesinar a una mujer, pero de los pormenores de esto no sabremos ni entonces ni más adelante. Dostoievski recurre a su talento de observador agudo para retratar el comportamiento enfermo del señor Goliadkin en sus gestos más nimios y delatores. Goliadkin, un empleado de rango medio en una oficina del gobierno ruso, renta un coche, se pone su mejor traje, abrigo y sombrero, y se dirige a una fiesta que tiene lugar en la casa del consejero Olsuf Ivánovich y a la que, como nos enteramos después, no estaba invitado. En la puerta, Goliadkin recibe de parte de los mozos el tratamiento que sólo se dispensa a las personas non gratas y se le niega el acceso, pero nuestro personaje se las ingenia para colarse a la fiesta por la puerta trasera. Aguarda dos horas escondido detrás de un biombo hasta que es descubierto accidentalmente. Goliadkin se repone pronto del vértigo que se apodera de él y dirige sus pasos a donde está la hija del consejero Olsuf Ivánovich. Ante el asombro de todos los circunstantes, el señor G. la saca a bailar, pero se tropieza al dar el primer paso. Su ridículo es tan lastimoso que Goliadkin casi pierde el sentido; los mozos aprovechan su debilidad para mostrarle la salida de manera un tanto grosera. (Conforme se avanza en la lectura, se van atando los cabos que llevaron al señor G. al desdoblamiento enfermizo de su personalidad: Clara Ivanovna, la hija del consejero, tuvo algo que ver con el señor Goliadkin, a pesar de la posición de la hija del consejero y del contraste entre su belleza y la aparente vulgaridad de Goliadkin; hay otra mujer, sin embargo, una alemana con quien Goliadkin tuvo ciertos entenderes turbios; a todas luces Goliadkin ha visto mermarse la buena opinión que de él tenían sus superiores y trata, con la torpeza y los exangües recursos de una mente culpable, de aclarar el asunto y restablecer el orden de las cosas. A lo largo de la novela, y sobre todo en sus partes climáticas, se manifiesta una preocupación de los personajes por el destino y la sensación de haberlo perdido en alguna parte.)

Afuera, en la calle, está nevando. Goliadkin, muerto de vergüenza más que de frío y creyéndolo todo perdido, decide ir caminando a su casa. En el trayecto, presa de un vértigo espantoso, divisa a la distancia a un señor que camina justo hacia él; lo pasa de largo; momentos después siente de nuevo el advenimiento de un señor que camina hacia él pero desde la dirección opuesta; lo pasa de largo y a Goliadkin un escalofrío todavía mayor le recorre la espina. En seguida ya no siente al hombre venir de ninguna parte, sino que lo ve caminando a su lado. Su asombro es mayor cuando reconoce el increíble parecido que hay entre los dos. Goliadkin acaba de encontrarse por primera vez con su doble.

El arsenal de que dispone Dostoievski es, como lo ha señalado George Steiner, el de un dramaturgo interesado en cultivar una comedia de enredos que haga palpable la situación, en extremo fascinante, de que un hombre con tus mismas facciones, tu misma estatura y una forma de vestir idéntica a la tuya se te aparezca un buen día para demostrarte todo lo ridículo que eres y hasta dónde eres capaz de llegar en tu flagrante estulticia. Steiner interpreta esta voluntad de autorretratarse como un signo de debilidad estilística en Dostoievski, que habría de encontrar en libros posteriores la auténtica dimensión del genio.

> Incluso cuando se vale de las versiones menos sofisticadas del mito [del doble], como en *Goliadkin* o en los coloquios de Iván Karamazov con el Diablo, Dostoievski descuella como uno de los estudiantes más aventajados del esquizofrénico. Pero fue en sus *Memorias del subsuelo* donde resolvió de forma más contundente el problema de dramatizar a través de una sola voz el caos polifónico de la conciencia humana.

Steiner quizá no tenga razón al concederle un valor secundario a *El doble*, una novela que Dostoievski llegó a considerar, durante el proceso de su escritura, su obra maestra, pero incluye en ese párrafo una palabra clave para comprender la dimensión auténtica del problema: *mito*; el doble es en realidad una trasposición de esas presencias reales que se adhieren a nuestras vidas en un momento dado y cuyas raíces no se hunden en los estudios modernos sobre la naturaleza simbólica de los traumas, sino en el subsuelo de tiempos muy antiguos. En una de sus ficciones más trabajadas, "Los teólogos", Borges menciona a este propósito *El Zohar*, donde "el mundo inferior es reflejo del superior". Sócrates, "ese hombre honesto", decía conversar con una voz que le recomendaba qué hacer o qué no en los momentos de duda. A esta voz la denominó su *daimón*.

Todo enfrentamiento es la representación acalorada de un diálogo que surge de una primera distancia especulativa. ¿Ese con quien estoy hablando es en realidad la persona con la que he creído estar hablando en un principio? La respuesta es no. Hay un clima que va preparando todo esto, que tiene mucho de empático con el ámbito dulzón en que se van desarrollando los sueños. Goliadkin sueña un par de veces con un enfrentamiento público entre él y su doble, de los cuales su doble siempre sale airoso. En otras, debido al cansancio extremo que padece, Goliadkin tiene la sensación de haber vivido anteriormente ese momento (el tiempo, parece advertir, es circular y por lo tanto herético) y se entrega, como un ciego, a la voluntad secreta de su destino. En el "William Wilson" de Poe figura también una alusión a la espiral de piedra del Destino, cuando, en las primeras páginas del cuento, el narrador dice tener fijos en su mente los recuerdos de su infancia como si éstos fueran los *exergos en las monedas cartaginesas*.

Hacia el final de *El doble*, las referencias de Dostoievski al autor de "William Wilson" son obvias: en el capítulo XII del libro, el señor Goliadkin se ve metido en otro enredo del que le será imposible salir airoso: habiendo comprendido que su situación está perdida, Goliadkin decide presentarse en la casa de su Excelencia para exponerle su caso a las claras y de esa manera, quizá, burlar el aparente mandato del destino; habiendo sido admitido en la casa del ministro sin haber de por medio una cita, Goliadkin dispone de unos momentos para contar su desgracia: su rival, con una actitud alevosa y corrupta, ha hecho derivar el criterio de los demás en su contra y esto ha significado la principal promoción de su ruina. El ministro no entiende de lo que este señor está hablando y la escena se ve cortada por el vértigo que se posesiona del personaje en desgracia. Distrayéndose de pronto de su incomodidad, Goliadkin fija la vista en lo que hasta entonces le había parecido un espejo, pero que en realidad es una puerta; y en la puerta se ve un huésped muy extraño que resulta ser su doble, el señor Goliadkin. El ministro acaba por hartarse de la presencia de Goliadkin y jala el cordel de una campanilla para llamar a los mozos. En el trance de ser echado de allí, Goliadkin no se ha percatado de que ha olvidado su capa y su doble, que ha seguido de cerca el desarrollo de toda la escena, se la arroja encima de la cabeza para hacer más hondo aún el malestar de Goliadkin.

La capa y el espejo son objetos que cumplen en "William Wilson" funciones similares. Ambos constituyen la prueba fehaciente de la existencia de un *doppelgänger*. Dostoievski aprovecha estos escenarios para ventilar cuestiones que a él le interesan y que serán el móvil de novelas posteriores, como la culpa, las imposturas y el enfrentamiento entre las ideas puestas en boga por la novela francesa de finales del XVIII de Destino y Naturaleza, en contra de las cuales Dostoievski escribe.

En Dostoievski el Destino simboliza el cumplimiento de una tarea que no podemos aplazar, lo cual está viciado de antemano por una carga negativa o neurosis.

La Naturaleza se encuentra en el polo opuesto: es un sinónimo de vitalidad y del poco talento del que disponen los condenados para apelar a la sentencia que les ha comunicado el demonio patético del destino. La historia de Goliadkin termina con el destierro del personaje a un lugar que podría ser el manicomio. Cuando está arriba del carruaje que habrá de conducirlo a esta nueva morada se le dice, con una austeridad inédita hasta entonces en la literatura, que allí el Estado le proporcionará comida, techo y cobijo. Afiebrado, Goliadkin sólo atina a recargar su cabeza contra una de las orillas de madera del carro.

La casa era grande, tortuosa y oscura como un laberinto.
BENITO PÉREZ GALDÓS, *Los Apostólicos*

Borges nació aún en el siglo XIX. A pesar de ser catorce años menor que Ezra Pound y otros pares, Borges se hubiera sentido mucho más a gusto en una reunión donde tomaran el té Henry James, Rudyard Kipling y Robert Louis Stevenson que en el salón de la señorita Gertrude Stein. Borges no fue un contemporáneo de sus contemporáneos sino por elección y destino, un escritor anacrónico e indiferente a las innovaciones de quienes creyeron en las palabras de Rimbaud, *Il faut être absolument moderne*, como en un oráculo. En su libro *Untergang des Abendlandes* Spengler había explicado esta forma de anacronía al decir que un estilo puede ser contemporáneo en el sentimiento (*Gefühl*) sin ser contemporáneo en el tiempo.

Borges escribió dos ficciones que tocan explícitamente el tema del doble: "Borges y yo" y "El otro", aunque el conjunto de su obra puede leerse como una reflexión atajada por una pregunta: ¿el hombre que escribe estas líneas es el mismo que todas las mañanas se levanta, desayuna, toma el tranvía, descifra algunos versos de la Comedia y se pasea hasta el crepúsculo por los pasillos de una biblioteca? No, es otro. El primero de estos cuentos se publicó en *El Hacedor* en 1960, y el segundo en *El libro de arena*, en 1975. Ambos han sido muy estudiados por diferentes motivos; el principal tal vez sea el morbo que han despertado en los biógrafos del escritor argentino.

La prosa de página y media que Borges incluyó en su libro de poemas *El Hacedor* está escrita en primera persona. Es un divertimento que ronda de nuevo la oposición entre autor y lector. El hombre a quien conmueven los mapas, la tipografía del siglo XVIII, las etimologías y el sabor del café (el lector), no es el mismo que exagera estas pasiones en público (el autor), deteriorando las necesidades del otro. En textos anteriores que habían sido publicados en revistas, como la biografía sintética que redactó el año de la muerte de Spengler, Borges había confesado la admiración que sentía por aquellos personajes "oscuros" que ejercen la literatura con la ambición secreta de alcanzar la notoriedad algún día. Casi siempre son jóvenes que apuestan su porvenir a la ruleta de la página impresa. Joyce, antes de publicar *Ulises*, fue uno de ellos; Spengler, quien se dedicó durante seis años a escribir en un barrio obrero de Múnich los varios volúmenes de *La decadencia de Occidente*, fue otro. En 1960, después de la publicación de *El Aleph* y *El jardín de senderos que se bifurcan*, ¿quién podía negarle a Borges la existencia de un pasado similar? El hombre de sesenta y un años quizá veía con nostalgia la época en que secundó a estos otros personajes, estando consciente, aunque fuese ligeramente, que más tarde el mundo reconocería en él al iniciado.

"El otro" es un relato mucho más elaborado. Borges refiere un encuentro que tuvo lugar en febrero de 1969, "al norte de Boston, en Cambridge". Hace mucho tiempo que ha dejado de ser un escritor leído por una minoría, y se ha convertido en un trotamundos que recorre las universidades de los Estados Unidos y Europa en calidad de genio. Sus obras han comenzado a traducirse y sus lectores están diseminados en todas partes. Son las diez de la mañana, sin embargo, y Borges se ha recostado en una banca cerca del río Charles. "Yo había dormido bien", dice, "mi clase de la tarde anterior había logrado, creo, interesar a los alumnos. No había un alma a la vista." Este clima —la soledad y el descanso premonitorio— nos resulta familiar. El azar también flota en el aire:

> Sentí de golpe la impresión (que según los psicólogos corresponde a los estados de fatiga) de haber vivido ya aquel momento. En la otra punta de mi banco alguien se había sentado. Yo hubiera preferido estar solo, pero no quise levantarme en seguida, para no mostrarme incivil. El otro se había puesto a silbar. Fue entonces cuando ocurrió la primera de las muchas zozobras de esa mañana.

La persona que estaba sentada al otro lado de la banca empieza a cantar con una voz torpe que Borges reconoce. Sin más preámbulo, se presenta con el muchacho que estaba cantando y le dice que él se llama Jorge Luis Borges y que están en 1969, en la ciudad de Cambridge. El otro responde que no, que él está en Ginebra, en una banca, a unos pasos del Ródano. Y que el año que promedia es 1919. Este segundo equívoco propicia el intercambio de símbolos. Borges y su doble hablan de literatura y de sueños, porque sólo en un sueño sería posible el encuentro. Después, Borges hace un recuento breve del destino de Europa después de la guerra y el de su familia en ese lapso; no ha terminado cuando se percata de que el joven no le presta atención y le pregunta por el libro que tiene en sus manos:

—*Los poseídos* —responde— o, según creo, *Los demonios* de Fyodor Dostoievski.

El joven Borges afirma también haber leído *El doble*. En este tono crepuscular prosigue la conversación hasta que a uno de ellos, el mayor, se le ocurre una forma de probar que su encuentro no es una falacia. Borges le pregunta a su doble si trae dinero. El muchacho saca de su bolsillo "tres escudos de plata y unas piezas menores". Borges le tiende a cambio "uno de esos billetes americanos que tienen muy diverso valor y el mismo tamaño". Con el billete en la mano, el muchacho no puede creer lo que ven sus ojos: la fecha de mil novecientos sesenta y nueve impresa en uno de los costados del dólar. Rompe el billete y Borges arroja la moneda al río. Ambos acuerdan verse al día siguiente, en la misma banca; pero ninguno de los dos asiste. Años más tarde, Borges asegura todavía no haber referido a nadie este encuentro, que podría parecer un invento barato sobre todo si se piensa que los dólares no llevan la fecha de su expedición impresa en ninguno de sus lados. Pero al final se nos comunica la clave: "El encuentro fue real, pero el otro conversó conmigo en un sueño y fue así que pudo olvidarme; yo conversé con él en la vigilia y todavía me atormenta el recuerdo."

Críticos más interesados en la biografía que en la literatura han hecho a un lado la importancia del doble y, a la hora de interpretar este cuento, han creído entender mensajes cifrados que guardarían una relación secreta con el despertar sexual de Borges, el cual pudo haber sucedido en Ginebra ese mismo en 1919, "en una habitación y en una calle que la memoria ha enmascarado". ¿Quién podría decir que esto fue cierto, y a final de cuentas qué podría importar si Borges se acostó o no con una prostituta que lo marcaría de por vida, fomentando con su acto impuro el temor que a Borges siempre le infundieron los espejos? Lo cierto es que los laberintos y la imagen de uno mismo reflejada en un espejo son la expresión de una angustia, un temor que en Borges se destiló no a través de la confesión personal —que es una de las formas del engaño— sino a través de cifras, símbolos y la ironía de una voz inconfundible. Un lector medianamente informado sabría reconocer, como cuando se mira una pintura y se dice es un Monet, un cuadro cubista de Picasso o un Mondrian, que está enfrente de un párrafo de Borges; pero detrás de la entonación impecable y de esa manera de razonar tan pausada, acecha una pregunta: ¿dónde se genera el magnetismo de ese campo; quién es el autor del hechizo? Y finalmente ¿quién es Borges? Él prefirió contestar a sus inquisidores en vida con una fórmula que se ha vuelto un lugar común: es el rostro que se perfila después de haber dibujado sobre un muro interminable barcos, chimeneas, cigarros no fumados, puertas, cuadernos y unos dulces.

El tema oculto de *El Aleph*, el libro de cuentos que puede considerarse como la obra maestra de Borges, es el problema de la identidad. En "La casa de Asterión", por ejemplo, Borges advierte en el minotauro no a un ejecutor y ni siquiera un símbolo que podría prestarse a la interpretación libresca, sino a un personaje que podría ser él mismo. En la soledad del laberinto, Asterión se divierte imaginando, entre otras cosas, a un segundo Asterión a quien le muestra los pormenores de la casa. En "Los teólogos", Borges detalla el duelo que sostuvieron dos personas que terminan siendo la misma. Y en "La busca de Averroes" se nos propone una clave más elocuente de este horror significativo. Después de haberle añadido unos renglones a su comentario sobre Aristóteles, Averroes se dispone a descansar. "Sintió sueño, sintió un poco de frío. Desceñido el turbante, se miró en un espejo de metal. No sé lo que vieron sus ojos, porque ningún historiador ha descrito las formas de su cara. Sé que desapareció bruscamente, como si lo fulminara un fuego sin luz, y que con él desaparecieron la casa y el invisible surtidor y los libros y los manuscritos y las palomas y las muchas esclavas de pelo negro y la trémula esclava de pelo rojo y Farach y Albucásim y los rosales y tal vez el Guadalquivir." Esta destrucción prolija es el resultado de haberse reconocido en un espejo. Pero ¿quién? ¿Borges o Averroes?

¿Borges se arrepentía de sí mismo? Con seguridad, no se detestaba menos de lo que uno se detesta a sí mismo. El hombre inteligente ve en su propio rostro las manchas ilegibles de su destino. Se siente inútil, consumido. Consciente, además, de que tanta palabrería, a pesar de sus duplicaciones intrínsecas, nada significa.

6. En el medio, algo elevado —Postales de mayo y junio—

1.

"Aquel que es Uno Mismo, o aquellos que son la Persona que se es —y sus diversas insuficiencias— figuran como circunstancias ajenas o adventicias..." (Valéry, *Historias rotas*)

2.

Después de haber concluido este capítulo sobre el sosia, Reynaldo Jiménez, el poeta argentino de 42 años, me mandó una carta donde me dice que un amigo suyo le había enviado una dirección electrónica con la página de Reynaldo Jiménez, catedrático español de literatura en la Universidad de la Laguna. El artículo se titula "El profesor Jiménez y sus mil sombreros", haciendo alusión a la calvicie y la apariencia ridícula de este personaje ya grande, fofo, medio cegato y de bigotes. El Reynaldo argentino, por el contrario, mide un metro noventa, está lleno de pelo en la cabeza y tiene una nariz húngara que lo hace parecer todo menos un poeta dedicado de día y de noche a la prosecución de su obra. Los hermanos gemelos pueden encontrarse, también, en las antípodas.

3.

Aquí en mi casa los atardeceres son muy bellos: entra luz por todas partes, y hace calor. Me gusta mucho ver la luz de la tarde filtrándose entre las copas de los árboles que están afuera y que pueden verse a través de la ventana del estudio-recámara. Hay unas jacarandas; una de ellas está seca, pero cuando el día es bueno y le da el sol de las cinco, se ve radiante. Quién tuviera la fortuna de vivir en un pueblo... Cuando pienso en lo que me hace falta —dinero, fama, experiencia, etcétera— recuerdo un dicho según el cual lo que no tienes es porque no lo necesitas ahora; y quizá no lo necesites nunca. Otro nombre, otra cara, otro cuerpo. Mi libro, el que acabo de terminar, trata del deseo latente en todos de cambiar de rostro, de nombre, y de forma de ser. Este deseo siempre existe, y a veces hay manera de cumplirlo a medias. Somos diferentes cuando vivimos y cuando escribimos. Yo no soy yo cuando vivo. Me siento más dueño de mí mismo, más libre, cuando estoy sentado frente a un teclado, escribiendo lo que me viene a la cabeza. Hay veces, como ahora, que no puedo parar de escribir, aunque me duela la espalda, aunque esté cansado. Escribir es otra de las pasiones que me gusta exagerar, y quizá no tanto exagerar como expandir. Expandir la experiencia que no me pertenece —la experiencia del otro— sobre la página en blanco.

4.

“La complementariedad fue el gran descubrimiento de Niels Bohr en la física atómica, y la igualdad y la diferencia un tema filosófico recurrente en nuestro tiempo.” (Guy Davenport, en una carta fechada el 17 de junio de 2001.)

¿En qué se distinguen esta tarde, esta falsa luz, este hoy, estos incidentes conocidos, estos papeles, este todo cualquiera, de otro todo, de un anteayer*? Los sentidos no son lo suficientemente sutiles sino para ver los cambios que han tenido lugar. Sé bien que no es el mismo día, pero no soy capaz de hacer otra cosa que saberlo.*

No son lo suficientemente sutiles mis sentidos para deshacer esta obra tan fina y tan profunda que es pasado; lo suficientemente sutiles para que yo distinga que este lugar o este muro no son idénticos, tal vez, a lo que eran el otro día.

PAUL VALÉRY, *Monsieur Teste*

7. Un jueves por la tarde

En una aldea de Japón. Un forastero tocaba a las puertas de las casas en busca de la perfección. La gente, desconfiada ante semejante requerimiento, le daba con la puerta en las narices. Llegó a la casa de una mujer quien, después de escuchar la pregunta "¿Sabe usted cómo llegar a la perfección?", sin sentir desconfianza lo invitó a pasar y le aseguró que ella le diría dónde encontrar lo que buscaba; pero antes tenía que servir en su casa durante un año.

El hombre sirvió en la casa durante un año. Pintó de nuevo las paredes, barrió el patio, lavó la ropa de la mujer y su marido y vio cómo las telas blancas se secaban al sol. En su semblante no había signos de desesperación. Como la lluvia que caía sobre el piso de tierra en el verano, todo en él estaba tranquilo. Finalmente llegó el día de volver a formular su pregunta, lo que era el equivalente de pedir su paga. La mujer le pidió que sirviera en la casa un año más. El hombre aceptó, sin esperar otra remuneración que la solución de su problema. Al final del año, volvió a pedir su recompensa. Esta vez la mujer no puso objeción alguna. Los plazos se habían cumplido.

En el patio de la casa había unos árboles muy altos, y la mujer le ordenó que subiera al mayor de ellos. El hombre, de baja estatura y huesos muy delgados, subió penosamente, primero por el tronco y luego entre la fronda, apoyándose en las ramas. A voz en cuello, el hombre le dijo a la mujer que había llegado hasta la última rama, al punto más alto del árbol. Su voz apenas se escuchaba y su figura era apenas una hoja más entre las ramas. La mujer, con una sonrisa maliciosa en los labios, le dijo: "Ahora... vuela." Obediente, el hombre saltó como precipitándose en un sueño... Se detuvo unos instantes en el aire, los que dura un parpadeo, y empezó a volar. En el rostro se le dibujó una sonrisa de satisfacción y de pureza. Agradecido, empezó a mover su mano en señal de despedida ante los ojos atónitos de la mujer anciana.

La primera —y la única— vez que escuché este cuento me sentí conmovido. Me lo contó un pintor, por lo menos dos veces mayor que yo. Había hecho una cita para visitarlo en su estudio del Barrio del Niño Jesús. Me recibió una tarde de jueves, a las cinco, cuando el sol ha dejado de caer a plomo y se mezcla con una sombra apacible, abriendo un paréntesis final en el día, justo antes del anochecer. Toqué a la puerta de madera, la principal, y una persona desconocida me abrió. Subí las escaleras de madera y todavía recuerdo los huevos de porcelana que adornaban el ascenso; eran idénticos a los que aparecen en las pinturas de Dalí y significaban algo que no importaba tanto como su elipsis flotante en la atmósfera del cuarto. También había un teléfono de los de antes, de color negro bruñido, con el auricular muy pesado y un disco haciendo las veces de corazón del aparato. También había un piano modesto y una puerta de madera pequeñita en comparación con el tamaño de Arnaldo, que seguramente daba al taller del pintor. Una señora me dijo que esperara al señor en los sillones blancos de la sala. Arnaldo no tardó en aparecer. Platicamos. Ahora me admira la paciencia que demostró para con un muchacho de 16 que no sabía conversar y que estaba simplemente ansioso. A las siete, cuando la noche había entrado por las ventanas de la estancia, empezó a contarme el cuento del hombre que estaba en busca de la perfección. Con sus brazos de arácnido imitaba los movimientos del señor subiendo hasta la copa del árbol. Lo vi trepar y sentí angustia cuando la mujer, desde abajo, le gritó que volara. El corazón me dio un vuelco al mismo tiempo que el hombre estiraba sus brazos y sus piernas imitando los de un pájaro. Unos instantes en el aire y el hombre milagrosamente no se desplomó. En el rostro lleno de arrugas prematuras se me reflejó, seguro, una emoción incontinente cuando lo vi volar y despedirse de la mujer que, convertida ahora en una anciana, le había mostrado la perfección.

Al final nos despedimos amistosamente; el pintor tenía una cita y yo tenía que llegar a casa.

La série distribue les harmonies.
Les attractions sont proportionelles aux destinées.
EPITAFIO INSCRITO EN LA TUMBA DE CHARLES FOURIER

8. Retorno final a los daimones

Una definición última y terrible de naturaleza sería lo que está antes y después de la historia. Podría decírsenos en este sentido que lo que está antes o después de la posibilidad de incorporar nuestro recuento personal de los hechos en los archivos de la memoria colectiva, de manera más o menos fantasiosa, por no decir de manera más o menos *verificable*, cabe en el interior de una cáscara de nuez. Una cáscara de nuez que es, en realidad, nada. Por añadidura, cabe el argumento de que sin duda seríamos felices si no hubiese en nosotros, implícita, una conciencia de nuestros actos, así como esa contradictoria vocación memoriosa que nos los devuelve, al proyectarlos sobre la pantalla del recuerdo, envueltos en un capa de sentido.

> Posthistoria: la epifanía oscurecedora en la que las hipóstasis se solidifican, se convierten en cuerpos palpables, y con ellos escapan, mucho más que antes, a la percepción. Su contagio convierte en dudosa la materia de todos los cuerpos. Cuando el secreto está en la letra, la letra deslumbra. Ya no se lee, sino que únicamente se reproduce. [Roberto Calasso, *La ruina de Kasch*, Barcelona, Anagrama, 1989, p. 253.]

Dice Borges en un cuento que la inmortalidad se da únicamente en los animales, porque sólo ellos son capaces de abstenerse de todo tipo de pensamiento. La idea de eternidad, por lo tanto, no les preocupa en absoluto. ¿Tendrá esto que ver con la "letra" que aparece en aquel párrafo de Kasch; y luego, más inexplicablemente aún, con la tendencia actual no a leer, sino a reproducir lo escrito? Sustraerse de la conciencia y recaer, más y más, en la deliciosa agrafía de la animalidad.

La naturaleza no deja de tener sus accidentes; es discontinua, general, cambiante, catastrófica, pero no es eterna: parece estar subordinada a cierto designio, a un orden mayor que determina sus períodos. Un mar de hielo puede destruir el más fuerte de los buques pesqueros en Alaska y, peor aún, ese mismo mar puede sumergir un continente entero; en cambio un meteorito puede demostrar la fragilidad de esa fuerza al parecer suprema como cuando por su intermediación se decretó el fin de la era de los dinosaurios en la tierra. Si la naturaleza tiene sus fisuras, ¿qué se puede esperar del hombre, que también las tiene, como corresponde a cualquier ficción?

El primer hombre honesto, nos cuentan, que empezó a escuchar una voz que le impedía actuar obedeciendo a un primer impulso, fue Sócrates. A la voz que escuchaba y con la cual sostenía animadas conversaciones, Sócrates la llamó su *daimón*. En los anales de la filosofía, a esta voz se le dio en llamar conciencia. A los filósofos que tomaron esta decisión los asistía una razón a medias. Porque la conciencia no fue, en un principio, esa forma espuria de administrar justicia tal y como hoy día lo imaginamos cuando queremos representarnos gráficamente el término, ese hombre de barriga desbordada y aliento alcohólico que se presenta todas las mañanas en un tribunal para decretar la suerte de un condenado en las novelas de Dostoievski, por ejemplo. El daimón socrático era otra cosa: nuestra zona primitiva, no en lo que tiene de torpe e incivil, sino en lo que hay en ella de jovial e inmaduro. La fruta que ha madurado necesariamente caerá del árbol y comenzará a pudrirse, aun en el tránsito de la rama al suelo. En cambio, el fruto inmaduro brilla con una vaguedad y una energía que se nos antoja inverosímil. El daimón era rudo, agreste, dueño de la sabiduría peculiar que habita en ciertos niños precoces.

No consta en ningún lado que Heráclito tuviera un discípulo que fuese en realidad su amigo. Si existió, sin embargo, éste se llamaba Knaps. En una pintura de 1974, titulada precisamente *Heráclito y Knaps*, Guy Davenport representa lo que pudo haber sido ese diálogo entre maestro y discípulo. En la pintura, Heráclito es un señor de cabellos lacios, castaños, y brazos gruesos. El puño de su mano derecha ciñe su muñeca izquierda como símbolo de prudencia, o de constreñimiento. Su vestimenta es una túnica blanca que le cubre hasta los tobillos. Knaps, en cambio, es un joven desnudo que porta el rostro picassiano de una máscara. Ambos personajes están sentados a una mesa, en cuya cubierta, en un tazón, hay unos membrillos. En un comentario sobre este acrílico de 24 por 31 pulgadas (*A Balance of Quinces. The Paintings and Drawings of Guy Davenport*, Nueva York, New Directions, 1996, pp. 66-67), el crítico Eric Anderson-Reece dice reconocer en la figura del maestro un autorretrato de Davenport en su edad madura, y en Knaps un tipo que se asemeja al de las fotografías del mismo Davenport en su juventud. Parece que de nueva cuenta estamos en presencia del mito del doble, con la salvedad de que esta vez no se trata de un combate entre dos mitades antagónicas, sino de un diálogo afable entre dos personas que tienen algo en común: un pasado y un porvenir. (Al fondo del cuadro hay una ventana, a través de la cual se mira el cielo; y en el cielo, un pájaro.)

La desnudez de Knaps es un símbolo tácito de su vitalidad e incultura; mientras que la ataviada madurez de su maestro ejemplifica lo contrario. Sin embargo, ambas facetas de la experiencia son complementarias y la una no podría ser sin la otra. El maestro se nutre de la sencillez agreste del alumno, y, en sentido inverso, el alumno aprende de la constricción de aquél.

Cómo no ver en esta pintura una metáfora de la atracción intelectual de estos personajes entre sí, al igual que una reflexión sobre el deterioro, la pérdida de la juventud que tarde o temprano nos sucede a todos. Con los años, el cuerpo embarnece, las facciones se acorrientan, el pelo se desprende del cráneo y en una etapa posterior vienen las arrugas, los achaques, las enfermedades crónicas y un lastimoso etcétera.

Pero no vayamos tan de prisa y quedémonos otro

poco con la imagen de Knaps. La desnudez, en el pasado griego, era uno de los atributos de los dioses, quienes no tenían por qué ocultar la belleza intransitoria de sus cuerpos. Ellos participaban de un connubio orgulloso con la naturaleza, que, según su arbitrio, podían encaminar en detrimento o beneficio de los hombres. La desnudez también representaba la intuición, el actuar violento y cierta poesía, como parte complementaria de los procedimientos lógicos del filósofo. En Davenport, quien ha hecho esta suerte de reflexión arqueológica, la metáfora cursi del alma gemela va mucho más lejos. Su obra abunda en ejemplos de colaboración amistosa: Picasso y Braque, van Gogh y Gauguin, san Pablo y Bernabé, Cézanne y Zola. La lista es larga; y podría ser ambigua si se tratara nada más de poner el dedo en el renglón de las amistades complementarias. El vínculo queda esclarecido, o significado en su dimensión cabal, si se piensa en el magisterio recíproco que cada una de estas dos mitades ejercen entre sí. Don Quijote, en la segunda parte de sus aventuras, acaba nutriéndose de las enseñanzas de Sancho, invirtiendo con ello los papeles que previamente se habían establecido. El adulto experimentado, por otra parte, añora secretamente la osadía del joven; el hombre casto, docto, aquel que se obliga por la naturaleza de su contacto con los libros y la "vida del espíritu" a estar recluido en su gabinete de estudio, puede envidiar la libertad del joven que no constriñe los deseos de su cuerpo. Uno desea ser el otro, y en este plano discreto se perfilan los horizontes de su diálogo *inter alia*.

En el mundo griego, naturaleza podía significar varias cosas, incluso opuestas entre sí. Ésta podía ser desde la forma o constitución de una persona o una cosa, hasta temperamento, carácter e instinto. En otras palabras, la naturaleza podía referirse a los atributos o físicos o caracterológicos de un individuo y, sobre todo, la naturaleza era el escenario sensible y enigmático de lo que nos rodea. Mientras más lejos se encuentre el hombre de la naturaleza, más cerca estará de su ideal civilizado. La historia de la humanidad podría resumirse en esta especie de pugna por dejar de ser parte de un mundo que no precisa de explicaciones para, simplemente, *ser*. De ahí la técnica y sus primeras manifestaciones: la rueda para el arado, la cerca para contener a los animales y domesticarlos. En un cuento sobre Kierkegaard, "El señor Cementerio y el troll", Davenport se atiene a cada una de estas posibilidades semánticas de la naturaleza y las enmarca en el personaje del filósofo danés del siglo XIX y un troll. Las preocupaciones intelectuales del primero, sus dudas, su renuncia, sus maneras, su vestimenta incluso, son en cierto sentido el modelo y el fundamento de la sociedad danesa moderna. El troll, en cambio, es un muchacho asistido de un ingenio arcaico que pertenece al mundo irracional de las leyendas nórdicas. Una tarde, cuando el señor Cementerio (tal es el significado en nuestro idioma del apellido Kierkegaard) se ha cansado de ser él mismo, es decir, se ha cansado de jugar al ajedrez, de leer o de escribir en su cuaderno, sale a dar un paseo por el bosque con la esperanza de encontrarse con un troll. Ya en el bosque, aguarda pacientemente la aparición improbable de esta criatura. Al cabo de una larga especulación sobre la ley, las Escrituras, los evangelios apócrifos, la ignorancia, la superstición, el hegelianismo de su época y la fe, ve por fin aparecer el troll. Se sorprende de ver a un muchacho desnudo, que habla en danés arcaico. "¿Eres una rana?", le pregunta el muchacho. "No, soy un ser humano", le responde el filósofo. Enseguida, el señor Cementerio le pregunta si cree en Dios. El muchacho responde que no se puede conocer a nadie de quien no se tenga una descripción previa. Es significativo que las únicas palabras que cruzan el señor Cementerio y el troll estén referidas a la inapariencia de Dios.

El diálogo queda trunco. El troll comienza a cantar una canción que tiene algo del "*Barockfagott* del *Orfeo* de Monteverdi" y algo de música folklórica danesa. No es gratuita la alusión al mito de Orfeo —en cierto sentido, el mismo troll es una representación del primitivo Orfeo. El señor Cementerio no puede recordar dónde ha escuchado esa música que le es tan familiar. Discierne unas cuantas palabras en danés que no le son suficientes. Y termina con una reflexión sobre la fe en el espíritu racional de Sócrates:

> Sócrates sostuvo la existencia de Dios con una incertidumbre honesta y un sentimiento profundo. Nosotros también creemos bajo el mismo riesgo, siendo presas de la misma contradicción que habita en una certeza incierta. Pero ahora la incertidumbre es diferente, porque es absurda, y creer con un sentimiento profundo en lo absurdo

> es fe. El que Sócrates supiera que no sabía es algo altamente humorístico cuando se le compara con algo tan serio como lo absurdo, y el sentimiento profundo que demostró Sócrates para lo existencial es puro ingenio griego cuando se le compara con la voluntad de creer. [*A Table of Green Fields*, Nueva York, New Directions, 1993, p. 102.]

El apercibimiento de uno mismo es la voz que se oye en el silencio, estando ya sea en el bosque o en la soledad aparente de un estudio. Pero ese yo mismo es en realidad un tú (toc-toc), el daimón entrometido que de cuando en cuando se presenta, irrumpiendo de una forma vulgar e insoportable en nuestra vida. Si este personaje incómodo no fuese el tú que fuimos una vez, por lo menos es el tú que pudimos haber sido. Por eso nos molesta, y por eso le tenemos un afecto que difícilmente nos atreveremos a confesar.

Reconozco que hay días —o varios momentos que pueden repetirse a lo largo de un solo día— en que quisiera convertirme, no en mi contrario al que tanto detesto, sino en otro completamente distinto; amanecer, digamos, siendo Gregorio Samsa pero sin la memoria de su anterior Gregorio Samsa, confinado a la condición de un anónimo insecto o de un tal Pedro, Juan, Daniel o Gilberto; caminar por el parque y mirar con "otros ojos"; mirar, en suma, con una inteligencia del mundo que ni siquiera me es dado sospechar en este momento (¿cómo será mirar con la modestia de la oruga o la insolencia de una mosca que ronda desde la mierda hasta los rostros de las mujeres más bellas?).

Si mi doble apareciera de pronto, si entrara por la puerta de mi casa, me diera la mano y tomara asiento justo enfrente de mí, ¿cuál sería su hipotético rostro? Tal vez tendría el aspecto de mi hermano, o de mi amigo Mellado o de un perfecto desconocido que anda en busca de conseguir un favor. Lo más seguro es que no sabría qué decirle. Quizá me pondría a escuchar pacientemente su historia, pues hay extraños que de buenas a primeras comienzan a contarle a uno la historia de sus propias vidas sin que se les haya marcado la pauta o se les haya insinuado el mínimo de confianza necesario para ello (yo soy uno de ellos). Y es probable que una historia tal no difiera mucho de las páginas que han servido de pasto a este recuento "natural de uno mismo".

San Agustín,
en una de sus *Enarraciones sobre los salmos*:

El cielo, es decir, el firmamento,
figuradamente simboliza el libro de la ley.
Por esto se dice en cierto lugar:
Extiendes el cielo como piel.
Si se extiende como piel o pergamino,
se extiende o abre, como libro, para ser leído.

Bibliografía

1. Lo natural

Wilkie Collins, *The Woman in White*, Nueva York, The Heritage Press, 1964.

Jorge Luis Borges, *Ficcionario*, ed. de Emir Rodríguez Monegal, México, FCE, 1985.

Salvador Elizondo, "Futuro imperfecto", en *El grafógrafo*, México, Joaquín Mortiz, 1972.

Reynaldo Jiménez, *El libro de unos sonidos. Catorce poetas del Perú*, Buenos Aires, Ediciones Último Reino, 1988.

Edgar Allan Poe, *Cuentos completos*, tr. de Julio Cortázar, México, Alianza Editorial, 1989.

Antonio José Ponte, *Las comidas profundas*, con dibujos de Ramón Alejandro, Angers, Éditions Deleatur, 1997.

San Agustín, *Obras XXI, Enarraciones 3°*, Madrid, BAC, 1964.

George Santayana, "Breve historia de mis opiniones", en *Tres poetas filósofos* seguido de *Diálogos en el limbo*, México, Porrúa, 1994.

César Vallejo, *Obra poética completa*, ed. de Enrique Ballón Aguirre, Caracas, Biblioteca Ayacucho, 1979.

Ludwig Wittgenstein, *Comentarios sobre La rama dorada*, ed. de Rush Rees, tr. de Javier Esquivel, México, Instituto de Investigaciones Filosóficas, UNAM, 1997.

Louis Zukofsky, *"A"*, Baltimore, The Johns Hopkins University Press, 1993.

4. Contra uno

Sous le sable (film), de François Ozon, Francia, 2001.

5. Más detalles sobre el ilustre Sosia

Walter Benjamin, "On Some Motifs in Baudelaire", en *Illuminations. Essays and Reflections*, edición e introducción de Hannah Arendt, tr. de Harry Zohn, Nueva York, Shocken Books, 1988.

Jorge Luis Borges, *Ficciones*, Barcelona, Planeta Agostini, 1985.

Roberto Calasso, *La ruina de Kasch*, tr. de Joaquín Jordá, Barcelona, Anagrama, 1989.

E. Mijailovich Dostoyevski, *Obras completas*, tomo I, tr. de Rafael Cansinos Asséns, Madrid, Aguilar, 1970.

Daniel Hoffman, *Poe, Poe, Poe, Poe, Poe, Poe, Poe*, Baton Rouge, Louisiana State University Press, 1998.

Jaime Moreno Villarreal, *El salón de los espejos encontrados*, México, Consejo Nacional para la Cultura y las Artes / Ediciones del Equilibrista, 1995.

Edgar Allan Poe, *Narraciones extraordinarias*, Barcelona, Círculo de Lectores, 1969.

Mario Praz, *El pacto con la serpiente*, tr. de Ida Vitale, México, FCE, 1988.

George Steiner, *Tolstoy or Dostoevsky*, Gran Bretaña, Penguin Books, 1967.

Robert Louis Stevenson, *Strange Case of Dr. Jekyll and Mr. Hyde*, Hungría, Könemann, 1995.

6. En el medio, algo elevado

Paul Valéry, *Historias rotas*, tr. de Salvador Elizondo, México, Ediciones Heliópolis, 1995.

7. Retorno final a los daimones

Eric Anderson-Reece, *A Balance of Quinces. The Paintings and Drawings of Guy Davenport*, Nueva York, New Directions, 1996.

Guy Davenport, *A Table of Green Fields*, Nueva York, New Directions, 1993.

Lista de ilustraciones

Historia natural de uno mismo de Gabriel Bernal Granados
se terminó de imprimir el 10 de agosto de 2003,
en los talleres de
Total Artes Gráficas, S.A. de C.V.,
Francisco Landino 44, colonia Miguel Hidalgo,
13200 México, D. F.
Se utilizaron tipos de la familia Janson.
El tiro fue de mil ejemplares.
La edición estuvo al cuidado de Jaime Soler y el autor.